U0600787

国石鉴赏与文化传播

卢小雁 主编

浙江大学出版社
ZHEJIANG UNIVERSITY PRESS

图书在版编目（CIP）数据

国石鉴赏与文化传播 / 卢小雁主编. -- 杭州 ： 浙
江大学出版社，2020.12
ISBN 978-7-308-20898-7

Ⅰ．①国… Ⅱ．①卢… Ⅲ．①石－鉴赏－中国②石－
文化传播－中国 Ⅳ．①TS933.21

中国版本图书馆CIP数据核字（2020）第245952号

国石鉴赏与文化传播

卢小雁　主编

责任编辑	葛　娟
责任校对	徐凯凯
封面设计	林智广告
出版发行	浙江大学出版社
	（杭州市天目山路148号　　邮政编码　310007）
	（网址：http：//www.zjupress.com）
排　　版	杭州林智广告有限公司
印　　刷	浙江省邮电印刷股份有限公司
开　　本	787mm×1092mm　1/16
印　　张	18.75
字　　数	378千
版 印 次	2020年12月第1版　2020年12月第1次印刷
书　　号	ISBN 978-7-308-20898-7
定　　价	108.00元

版权所有　翻印必究　　印装差错　负责调换

浙江大学出版社市场运营中心联系方式：0571-88925591；http：//zjdxcbs.tmall.com

《国石鉴赏与文化传播》

主　　编：卢小雁

副主编：王嘉明　陈宝福　沈　斌

编　　审：徐伟明　孙彦鸿

编　　委：陈永华　杨广发　钱高潮　裴良军　傅小龙

　　　　　林　庆　姜四海　陈　玮　胡春阳　王如伟

　　　　　许今茜　栗芳梅　李　佳　钱友杰　王　辰

编撰指导：邵培仁

编撰顾问：楼小东

编辑出版支持：

　　　　　浙江大学研究生院

　　　　　浙江大学传媒与国际文化学院

　　　　　浙江大学传媒实验教学中心

　　　　　浙江大学传播研究所

　　　　　浙江省国石文化保护研究会

　　　　　浙江省观赏石协会

　　　　　浙江省传播学会

　　　　　浙江省传播学会国石文化传播专业委员会

书名题字：陈宝福

网络推广支持：艺集网

传播与推广顾问：泮　星

本书为浙江大学研究生素养与能力培养型课程建设项目立项成果，并作为硕博通选课程"国石鉴赏与文化传播"指定教材

卢小雁
（LU XIAOYAN）

　　卢小雁，1972年2月生，博士，教授/正高级实验师，博士生导师，现任浙江大学传媒实验教学中心（国家级新闻传播学科虚拟仿真一流课程实验教学中心、浙江省省级传媒实验教学示范中心）主任，浙江大学硕博通选课程"国石鉴赏与文化传播"主讲教师，浙江大学研究生素养与能力培养型课程建设项目负责人，浙江大学博雅技艺类通识课程评审专家组成员。兼任中国广告协会学术委员会委员、中国广告专业技术资格评定专家委员会委员；中国高校影视学会实验教学专业委员会理事；科技部、财政部项目评审专家库成员，"两奖"（中国新闻奖、长江韬奋奖）评委专家库成员；浙江省观赏石协会副秘书长、浙江省国石文化保护研究会理事；浙江省传播学会理事、国石文化传播专业委员会主任；浙江省创意设计协会常务理事；浙江省企业形象研究会常务理事、浙江省会展学会副秘书长。2006年度教育部—日本电通广告学高访研修项目客座研究员，浙江省及杭州市蓝皮书特约作者（文化艺术卷），国际传播学期刊 China Media Report Overseas 编委。2008年挂职浙江大学党委宣传部部长助理。主持完成多项文化传播领域国家级教研课题以及实验教学建设项目；发表各类学术论文五十余篇，其中多篇核心刊物论文，多篇传播学及传播技术领域国际影响力论文，多篇论文进入 EI、CPCI-SSH、CSSCI、CSCD 核心检索；出版教材及著作十余部，主编和参与编写国家级教材多部，主撰研究报告多部，共计近千万字；获得全国、省部各级成果奖及荣誉近20项。在文化与科技传播、广告与策略传播、传媒技术、传媒实验教学及新媒体传播应用等领域具备一定的学术影响力，曾多次主讲《浙江人文大讲堂》和杭州电视台《钱塘论坛》。

王嘉明
（WANG JIAMING）

　　王嘉明，1963 年 7 月生，MBA 工商管理硕士，观赏石国家一级鉴评师、高级价格评估师，浙江石景旅游文化股份有限公司总裁。主要从事经济管理研究和实际管理工作，长于组织策划和宣传；从事新闻、风光、静物摄影艺术创作三十多年；1981 年始收藏珍稀木、书画印章及各类观赏石，赏玩观赏石三十七年，收藏上千件，其中有许多精品、绝品，建有"品石斋"展藏馆；1999 年开始研究和修订《观赏石鉴评办法及标准》，为全国《观赏石鉴评标准》研究小组主要成员；参与全国观赏石理论研究工作，任中石协理论研究和科普教育专委会副主任等职务；出版《观赏石的采集收藏养护》等专著；创办全国观赏石专业期刊《宝藏》杂志；组织和参加全国观赏石展会，并任鉴评评委数十次。独创木画石"文化工厂、质延交易"模式，成功实践观赏石、红木等资产包公开发售及上市交易。策划与管理中华石景园项目，建成石景文化产业集团，为木画石行业龙头企业。被评为"浙江省赏石名家雅士"，杭州市价格认证中心聘请玉石专家，浙江省观赏石协会副会长兼秘书长、珠宝玉石首饰行业协会副会长、红木研究会副会长。

陈宝福
（CHEN BAOFU）

　　陈宝福，字印修，1958 年 8 月生于杭州，毕业于中国书画函授大学，国家一级美术师，篆刻家、书法家、艺术鉴赏家，作品风格突出。现为浙江大学"国石鉴赏与文化传播"硕博通选课程客座教授，中国计量大学艺术学院兼职教授，浙江省国石文化保护研究会理事，西湖印社理事，余任天研究会会员。

沈斌
（SHEN BIN）

沈斌，1967 年生于杭州，自幼喜爱美术、书法与篆刻。现任浙江大学传媒实验教学中心实验师、浙江大学博雅技艺类通识课程实验教学主讲教师，教授多门传媒技术应用基础类专业实验课程。三十余年实验教学经历，教学成果丰硕。兼任中国摄影家协会会员、浙江省摄影家协会理事，浙江大学摄影学会副会长；荣获浙江省教育厅"优秀指导老师"奖，指导学生作品获教育部一等奖；出版摄影及传记类专著多部。摄影作品多次获得国际大奖，兼任浙江省传播学会会员、国石文化传播专业委员会委员，浙江省企业形象研究会理事。

孙彦鸿
（SUN YANHONG）

孙彦鸿，1977 年 9 月生，毕业于中国美术学院，现任职于中国美术学院风景建筑设计研究院；正高级环境艺术师，国家一级美术师，杭州油画雕塑院院长；浙江省国石文化保护研究会执行秘书长，浙江大学传媒与国际文化学院研究生导师，"国石鉴赏与文化传播"硕博通选课程客座教授、全国城市雕塑指导委员会委员、中国雕塑学会会员。著名雕塑家、公共艺术家、装置艺术家，艺术作品多次获得各级奖项；于国家核心及一级刊物发表艺术类学术论文十余篇，多篇论文获奖。

陈永华
（CHEN YONGHUA）

　　陈永华，1952年生，浙江省国石文化保护研究会理事、国石鉴赏专业委员会特聘研究员、浙江大学传媒实验教学中心硕博通选课程"国石鉴赏与文化传播"客座教授。致力于国石收藏与中华传统文化传播三十余年。

钱高潮
（QIAN GAOCHAO）

　　钱高潮，1956年生，浙江临安人，高级工艺美术师、国家级非遗项目（鸡血石雕）代表性传承人、中国工艺美术大师、首批中国玉石雕刻大师、首届中国石雕艺术大师、首届中国工美行业艺术大师、G20杭州峰会元首国礼设计制作者、浙江工匠、杭州工匠。现为中国宝玉石协会印石专委会执行主任、中国工艺美术学会玉石雕刻艺术专委会副主任、浙江省国石文化保护研究会副会长、浙江省工艺美术行业协会副会长、浙江省珠宝玉石首饰行业协会玉石专委会副主任、浙江金石篆刻专委会委员、杭州市价格鉴证专家委员会鸡血石价格鉴定中心主任、杭州市临安区昌化石行业协会会长、杭州市临安区鸡血石研究会会长、杭州市临安区昌化鸡血石博物馆馆长。四十六年的探索和实践，博采众长，形成自己独特的创作风格。其作品题材广泛，构思巧妙，历史典故、人物风情、鸟虫走兽，无所不及。曾获中国工艺美术大师作品暨工艺美术精品博览会金奖、特等奖等三十余次，多套作品被选为国礼和被国际、国内顶级藏馆收藏，享誉海内外。主编出版国石鉴赏专业书籍多部，发表相关专业论文多篇。

杨广发
(YANG GUANGFA)

杨广发，1955 年 7 月生，陕西蒲城人，大学文化。1974 年参军入伍，1986 年转业到杭州市级机关工作，先后担任处长、副局长、局长等职务，2015 年退休。现任浙江省国石文化保护研究会副秘书长，浙江大学传媒实验教学中心硕博通选课程"国石鉴赏与文化传播"客座教授。从小受高人"世上最贱的是石头，世上最贵的也是石头"的指点，萌发寻找"世上最贵的也是石头"的答案。1978 年开始收藏灵璧石，先后研究过地质学、材料学、矿物学等学科理论，后又开始收藏印章石，对国石文化有较深的研究，多件藏品获国家级奖项，近年为在杭的多所大学、协会、团体讲授"国石鉴赏与文化传播"课程。

王如伟
(WANG RUWEI)

王如伟，日本国立岛根大学医学博士，教授级高工、博士生导师。第十、十一届国家药典委员会委员。曾任浙江康恩贝制药股份有限公司副董事长、总裁，嘉和生物股份有限公司副董事长、总裁，现任泰格医药执行副总裁。被评为全国优秀科技工作者，享受国务院政府特殊津贴，入选浙江省新世纪 151 人才工程重点层次、杭州市 B 类人才。科技部"重大新药创制专项""国际合作专项""科技奖励"评委，CDE 审评专家等。自幼喜爱中华传统文化和艺术，致力于收藏各类名家书画、印章及石雕，其中不乏中国工艺美术大师倪东方、张爱光等大师的作品。

裘良军
（QIU LIANGJUN）

裘良军，1969 年出生于浙江青田，大专学历。现为浙江省工艺美术大师、中国玉石雕刻大师、中国石雕艺术大师、中华玉雕艺术大师、高级工艺美术师、高级技师。浙江省优秀民间文艺人才，丽水市第八、九批拔尖人才，丽水市首席技师，丽水市非物质文化遗产青田石雕代表性传承人，全国乡村青年民间工艺能手，中国工艺美术协会会员，中国民间文艺家协会会员，中国工艺美术学会雕塑专业委员会理事，浙江省工艺美术协会理事，浙江省民间文艺家协会石雕艺术专业委员会副主任，丽水市工艺美术行业协会常务理事，丽水市高级人才联合会高技能专委会副秘书长，青田县石雕行业协会副会长，裘良军石雕艺术馆馆长。自幼受石雕文化熏陶，二十世纪八十年代中期，正式投入石雕创作，擅长花卉、山水、虫草、动物雕刻，技艺精进，开拓创新，作品因材施艺，俏色巧雕，造型独特，朴拙高雅。一直以来在石雕艺术园地辛勤耕耘，培育新秀。许多作品被各级美术馆、博物馆永久收藏。

林庆
（LIN QING）

林庆，1984 年生，福建莆田人。18 岁起学习寿山石雕刻技艺，擅长人物圆雕。其雕刻作品注重写实，把传统雕刻技法与现代雕塑美学融为一体，自成风格。现为福建省青年民间工艺大师、省工艺美术名人、省民间艺术家、中级工艺美术师。现任浙江省国石文化保护研究会理事、浙江省印石研究会副秘书长、浙江大学传媒实验教学中心硕博通选课程"国石鉴赏与文化传播"客座研究员。

傅小龙
（ FU XIAOLONG ）

傅小龙，1965 年生，浙江青田人，浙江大学传媒实验教学中心硕博通选课程"国石鉴赏与文化传播"客座教授、讲座导师。现任浙江省国石文化保护研究会理事，兼任浙江省古今艺术品评估与鉴定艺术研究中心国石类鉴定评估专家、浙江省文化产业学会艺术品鉴定评估专业委员会国石类鉴定评估专家、浙江省国石文化保护研究会专家委员会特聘研究员。从事国石鉴赏与收藏、经营与研究工作三十余年，在相石、指导切石等方面有专长。

陈玮
（ CHEN WEI ）

陈玮，1960 年 11 月生于福州，高级工艺美术师、福建省雕刻艺术大师、福建省寿山石鉴定中心专家人才库鉴定师、福建省文化系统多个专家库评委、福建省工艺美术学会会员。1978 年进入福建省工艺美术实验厂学习寿山石雕艺术，师承中国工艺美术大师林发述、福建省工艺美术大师刘爱珠和郭祥忍。从事寿山石雕研究与创作三十余年，其作品博采众长，因势象形、因材施艺、善取巧色，刀法独特以细腻圆顺见长，形成了自己独特的风格。三十多年来创作出许多既古拙典雅又富新意的优秀作品。对古兽、印钮、人物、博古、浮雕等寿山石雕传统技法有深厚的艺术造诣和专业修养，创作手法大胆细腻，布局严谨自然，许多作品巧夺天工，连连获奖，在海内外具有一定的影响力，深受各界人士的喜爱和收藏。

姜四海
（ JIANG SIHAI ）

姜四海，1974 年生于浙江杭州。中华人民共和国轻工行业标准鸡血石分级标准主要起草人，浙江省玉石鉴赏师，浙江大学传媒实验教学中心硕博通选课程"国石鉴赏与文化传播"客座教授、讲座导师。现任杭州市临安区昌化石行业协会副会长、杭州市临安区昌化石行业协会文化研究专委会主任、浙江每石文化创意有限公司董事长。中国人称印为信，印是诚信的象征。从事昌化石文创研究三十余载，积累了丰富的昌化石品鉴经验，多次受邀参与央视及省市电视台专访及专题片制作。他专注于昌化石文化的传播与研究，提出"每人一印 最中国"的诚信理念。曾受邀至浙江大学、同济大学、浙江农林大学等国内名校演讲。

胡春阳
（ HU CHUNYANG ）

胡春阳，1985 年生，祖籍安徽绩溪，久居杭州。师承中国玉石雕刻大师、福建省工艺美术大师潘惊石先生。浙江大学传媒实验教学中心硕博通选课程"国石鉴赏与文化传播"课程特聘讲师，浙江省国石文化保护研究会会员。自幼研习国石雕刻技艺，曾进修于中国美术学院国画系、雕塑系。历时十余载，孜孜以求，踏实前行。在继承传统技法的基础上博古出新，擅长各类印纽的雕刻创作。其作品造型自然，雅逸古朴。石雕作品多次在全国、省、市评委会举办的各类比赛中获奖。

李佳
（LI JIA）

　　李佳，1980 年生，博士，现任浙江省创意设计协会秘书长，以交叉复合型研究视角从事区域协同创新模式下创意产业生态系统演进的相关研究。兼任杭州市文化创意人才协会常务秘书长、杭州现代社区文化营造发展中心主任、共青团拱墅区委员会副书记、浙江省文旅厅专家智库成员、杭州市拱墅区政协委员。先后参与主持"黔东南州文化创意产业十三五规划""温州市文化创意产业规划（2014—2020）""东阳木文化产业链设计创新路径专项调研""杭州市创新、创业创意人才扶持研究报告""服装网络零售业发展现状及未来走势研究""中国东阳家具研究院建设项目可行性报告""区域协同创新视角下的文化创意生态系统演进研究"等研究，策划发起了中国创意设计峰会、杭州国际创意生活周、创意引擎研学营等文创产业实践类项目。

钱友杰
（QIAN YOUJIE）

　　钱友杰，1986 年生，浙江临安人，浙江省工艺美术大师、临安区非遗项目（鸡血石雕）代表性传承人、中国工艺美术学会玉石雕刻艺术专委会会员，浙江省工艺美术行业协会会员、杭州市工艺美术学会会员，临安区鸡血石研究会副秘书长。师从中国工艺美术大师钱高潮学习石雕技艺，现从事昌化石雕刻，昌化石文化研究，昌化鸡血石的开发利用、创作设计等。作品获中国工艺美术大师作品暨工艺美术精品博览会金奖十余次。曾主编国石鉴赏专业书籍，近年来积极致力于培养国石雕刻技能基础人才，成效显著。

初识国石的魅力：
国石鉴赏与文化传播课程的实践

国石通常是指一个国家人们喜爱或具有优异特质并具有代表性的各类宝玉石、工艺雕琢用石和观赏石。在中国，国石有着特殊的含义，国石文化也是源远流长。自古以来，各类中华国石名品就受到上至帝王将相、下至平民百姓的喜爱，尤其是广大文人墨客对各种玉石、印石的使用收藏与把玩鉴赏，更使国石文化成为中华文化的重要组成。从良渚文明、红山文化等距今五六千年的远古石器时代对玉石的推崇到现今流行于百姓民间的首饰佩戴、雅石玩赏，国石的魅力使无数人为之倾倒，从各种国石的收藏可见一斑。中国古代关于国之宝石最著名的故事莫过于《和氏璧》。相传春秋时期，楚人卞和在楚山（一说荆山，今湖北南漳县），看见有凤凰栖落于山间青石板上，他认定山上有宝，经

仔细寻找，终于在山中发现一块玉璞。卞和将此玉璞献给楚厉王。然而经玉工辨认，玉璞被判定为普通石头，厉王以为卞和欺君，下令断其左足，逐出国都。后武王即位，卞和又将玉璞献上，可仍被判定为石头，可怜的卞和又因欺君之罪被砍去右足。到了楚文王即位，卞和怀揣玉璞在楚山下痛哭了三天三夜，以致满眼溢血。文王听说此事很奇怪，便派人去问："天下被削足的人很多，为什么只有你如此悲伤？"卞和感叹道："我并不是因为被削足而伤心，而是因为宝玉被看作庸石，忠贞之士被当作欺君之臣，如此是非颠倒怎能不痛心啊！"这次文王直接命人剖开玉璞，结果在厚厚的石皮杂料中心确实包裹着质地绝伦的无瑕美玉。为奖励卞和的忠诚，此玉被命名为"和氏之璧"，这就是

后世传说的和氏璧。楚王得此美玉，十分爱惜，都舍不得雕琢成器就将其奉为宝物珍藏起来。又到战国时期，和氏璧几经波折，最后流传到赵惠文王之手，被制成玉璧。秦昭王获悉此事后，致信赵王说，愿以秦国十五座城池换取玉璧。赵王慑于秦国威力，派蔺相如奉璧出使秦国。机智过人的蔺相如不辱使命，留下了千古称颂的《完璧归赵》的故事。公元前228年，秦灭赵，和氏璧最终落入秦国，传说秦始皇统一六国后，又将和氏璧制成了传国玉玺。而后的朝代，传国玉玺一直是统治者的至宝，同时也是至高皇权的象征。直至东汉末年，三国鼎立，战乱纷争，传国玉玺的下落最后成了一个千古之谜。和氏璧的传奇故事见证了中华文明发展历程中对国石的推崇与重视，这也是其他任何文明无可比拟的。

除了以和氏璧为代表的玉石，中国历史上还产生了有名的印石、砚石以及各类观赏石，更是派生出了各类石雕文玩工艺。所谓无石不雅，无石不成趣，中国人的文化生活便离不开对各类国石的鉴赏、观摩与把玩。笔者撰写本书的初衷便源自

于2010年在浙江大学首开的硕博通选课程"国石鉴赏与文化传播"，当时也正值全国兴起保护、传承物质文化与非物质文化遗产，进而弘扬和传播优秀传统文化之时。课程教学的目的也是首先培养当代青年大学生对于中国传统国石文化的理解和爱好。中国国石文化博大精深，她承载着数千年的文化传承和历史积淀，玉石、印石、砚石和观赏石都是中华文明发展的重要标签。正因为国石身上闪耀着文化的光辉，更使国石玩赏魅力无穷！当今再度兴起的国石鉴赏与文化传播终究是靠"天时，地利，人和"来推动，"天时"指赏石文化的大环境，经济繁荣，文化昌盛；"地利"就是中国独有的地域与人文历史所带来的文化优势；"人和"就是越来越多的人热衷于赏石文化，并参与互动传播。当今世界，和平与发展是主题，中国正处于一个引领世界发展的快速上升时期，中华国石鉴赏与文化传播则顺应了新时期文创产业的发展潮流和中华文化风靡世界的趋势。其次，通过课程教学，提升大学生的国石鉴赏能力。通过系统地学习岩石、矿物、化石、宝玉石的形成、演变、分类等基础知识，以及各类国石的起

源、发展历史和传承应用，了解地质科学、环境科学、人文科学的基础知识；再通过实践教学环节接触一些典型的国石品种，使学生们开阔视野，提高对各类国石的判断、辨别及评价能力，并从认识国石的主要品种，以及相石、切石、磨石、篆刻、石雕工艺等方面进行系统性学习，结合实践进一步提高学生的国石鉴赏水平和能力。当然，课程教学的最终目的是要提升当今大学生的传统文化素养，增强大学生的文化底蕴和艺术修养，进而能从文化传播角度对国石进行学术研究和实践应用，更深刻地理解中国传统文化所具有的在长期历史发展中形成的独立特征以及这种实际上已经成为世界多元文化重要组成部分的中华文化的具体形式、精神追求、独特魅力和与时俱进的包容性、创新性和传播力，借此提升学习工作之外的生活情趣，培养健康高雅的兴趣爱好和积极向上的生活态度。

不知不觉，课程开设了十个年头，深受大学生们的欢迎。每年秋学期，来自各个不同专业的博士生、硕士生都踊跃选课。课程开设前期，主要依托浙江大学传媒实验教学中心进行课程教学和实践。当时，杭州国石界的老前辈、现任浙江省国石文化保护研究会理事的收藏家傅小龙先生作为我们首聘的客座教授积极支持课程教学，赞助了一批国石原料并亲自给学生们现场演示、讲解如何相石、锯石和磨石；青田石收藏家朱正然先生则为课程提供了一批样品印章和展示柜；印纽雕刻家胡春阳先生作为客座讲师给学生们讲授印纽的雕制与鉴赏；他们都为课程教学的开展提供了有力的支持。此后几年，课程教学团队进一步拓展校外联络，多次组织学生参观西泠印社、中国印学博物馆、浙江省博物馆、良渚博物院、浙江自然博物馆以及历年来杭城举办的一些国石展，积极推动校内外的教学实践和学习互动。2016年，在课程教学团队的积极推动下，浙江大学传媒与国际文化学院与浙江省国石文化保护研究会合作成立了"国石鉴赏与文化传播"课程实践基地，并正式签署了合作协议，获得位于西溪湿地内的浙江国石馆的有关教学场馆的使用权，此后每年都开展多次课程实践活动，研究会秘书长、国石收藏家徐伟明先生每年都亲力亲为，为课程活动提供保障与支持。课程聘请了研究会杨广发、孙彦鸿和陈宝福三位国石领域的专家为课程客座教授，学院韦路院长还亲赴西溪湿地国石馆为三位老师颁发了客座教授证书。近年来，三位老师为课程实践活动的开展或积极作专题讲座，或联络参观接待，都付出了很多辛劳。此外，多年致力于书法与传统文化教学普及的书法家许晓俊老师、致力于昌化石收藏与文化传播的收藏家姜四海先生也为学生们作了精彩的专题讲座。同年，我们与杭州品鉴文化创意有限公司（中华石景园）合作成立了"国石鉴赏与文化传播"课程实践基地，聘请了浙江省观赏石协会副会长兼秘书长王嘉明先生为客座教授，并带学生实地参观了位于桐庐的石景园区和园内的各类精彩纷呈的观赏石，王嘉明先生为学生们仔细讲解了各类观赏石的特点与鉴赏知识，学生们兴致浓厚，流连忘返。2018年9月，课程教学团队成员出席了陈宝福书法篆刻精品展；10月课程教学团队带领学生们参观了纪念改革开放40周年闻学堂传统文化展——中国红·昌化鸡血石特展；2019年3月，课程教学团队负责人、本书主编卢小雁出席了浙江省国石文化保护研究会的年度学术研讨会，并担任学会理事，提出进一步拓展青年群体中的国石爱好者的建议，得到了一致赞同；2019年5月，课程获得浙江大学研究生素养类重点建设课程，得到了浙江大学研究生院的立项支持和传媒与国际文化学院的部分出版支持，终于使得多年的教学成果得以汇编出版。在此，特别感谢浙江大学研究生院、浙江大学传媒与国际文化学院、浙江大学出版社以及浙江省国石文化保护研究会、杭州品鉴文化创意有限公司（中华石景园）等单位的大力支持，也由衷感谢积极帮助促成书作出版的出版社两位老师——我的多年好友，资深美编刘依群老师和本书的责任编辑葛娟老师；负责图片拍摄的、我的多年同事与好友、国家级摄影师沈斌老师；参与课程建设的叶盛老师；参与编撰本书的各位编委以及提供本书所涉及的各类精美图片的国石藏家、石雕艺人和石友、印友，他们都是良师益友。因为初次编撰此类书籍，难免有疏谬之处，还望广大读者多多谅解并不吝赐教，以助重新修订时一一改正。此抛砖之作，斗胆为之，惶恐不知所述，名为自序，实则诚心求教！

国石鉴赏

第一篇

中华玉石鉴赏与文化传承

渊远流长的中华玉石文化

　　玉石文化是中国传统文化的一个重要组成部分。以玉为中心载体的玉文化，不仅深深影响了古代中国人的思想观念，而且成为中国文化不可缺少的一部分。早在有文字记载的历史以前，玉就作为美好、神圣、贵重和祥瑞的珍宝得到人们的喜爱。汉代许慎在《说文解字》中对玉的解释是："玉，石之美者；有五德，仁、义、智、勇、洁。"汉字中有一些同玉相关的词语，都含有赞美之意，"玉人"多称美丽的女子，"玉女"即今之美女，"玉色""玉容""玉面""玉貌"形容女子貌美，"玉体"形容肌肤莹泽，就连月宫中捣药的白兔也被称为"玉兔"，"玉带"则是唐、宋官员所用的玉饰腰带，以之分别官阶之高低，古代总领三界的神被称为玉帝或玉皇大帝。建筑上也有玉，"琼楼玉宇""雕栏玉砌"形容建筑之精美。以玉喻物的词有玉膳、玉食、玉泉，等等；以玉组成的成语有金玉良缘、金科玉律、珠圆玉润、抛砖引玉，等等。以玉为载体的玉文化，不仅渗透于社会生活的各个方面，而且深深影响到中国古人的行为道德规范。玉文化包含有"宁为玉碎"的爱国民族气节；"化为玉帛"的团结友爱风尚；"白玉无瑕"的清正廉洁气魄。"宁守和氏璧，不换十五城"的历史典故也彰显那个时代中国人对玉的推崇。

　　玉在中国古代的政治生活和日常生活中都是必不可少的。在中国人眼里，玉与众不同。以玉器的各种形式、内涵、观赏、寓意和审美所形成的独特文化及文化现象，统称为玉文化。玉器往往与当时的政治、经济、文化、宗教、礼仪、等级和审美观念有着密切的联系，其博大精深的内涵，是其他艺术品无法比拟的。以玉器为载体的玉文化，深刻地反映和影响了中国人的传统思想观念，并且日益深入人们的日常生活，成为中华文明的奠基石之一，是世界文化史上的奇迹。

　　距今约8200年前的内蒙古兴隆洼原始部落遗址少数墓穴中出土了玉

图1（上）　红山文化代表形器：玉猪龙
图2（下）　良渚玉器的代表形器：玉琮

玦、弯条形器和玉管等，器体偏小，这被认为是在中国发现的最古老的玉器。因此，中国的玉文化可以追溯到石器时代。上古之时，玉被琢磨成兽、鸟等各种形状，作为图腾崇拜。这种玉图腾反映的是远古文化和意识形态萌芽初期的一种形式，也是后来玉文化的一种来源（图1）。

在石器时代，玉一直被视为是一种充满灵性的自然崇拜物，作为古人类美化自身的装饰和一种逢凶化吉、避邪趋灾的吉祥物。古人将玉奉为神物，极尽所能地创造美、欣赏美。仰韶文化遗址出土的和田白玉（夏商王室认可的帝王之玉）、河姆渡文化遗址出土的白玉璜、玉璧以及兴隆文化遗迹发掘的白玉玦等，都显示了先人的智慧。新石器时代晚期，玉器已超脱出原始的美感和装饰意义，逐步走上了与原始宗教、图腾崇拜相结合的道路，开始成为信仰、权力、地位的象征，具有代表性的当数良渚玉器[1]（图2）。

伴随着私有制的产生和阶级对立的出现，玉器得到了广泛的应用——玉因为罕见成了财富和权力的象征。从周代开始，国家机构中就已设置了一整套专职和兼职的管玉机构——玉府，直接为王权政治服务。除佩戴之外，玉还被用作礼器和丧葬器——人们对玉的使用制定了严格的规定。佩玉有严格的等级界限，庶民则与玉无缘。

经过商代大发展之后，玉的生产和制作技艺至春秋已达到一个极高的水平，不仅王室贵族用玉，一般文人佩玉也很普遍。至此，玉的社会功能有了很大的扩延，它不再只是作为礼器和权力、财富的象征。思想活跃的春秋文人给玉赋予了许多新的价值，借玉表达自己的思想和哲学观点。玉是细密温润而美丽的，因此玉可以引申出"美好""尊贵"等含义，因而古人常用"玉"字来比拟美好珍贵的事物。汉唐以后此潮流则更为兴盛。唐诗中就有"一片冰心在玉壶""谁家玉笛暗飞声"的诗句，从中我们可以联想到曾经灿烂辉煌的玉文化。

玉器具有无比神秘的宗教意义。中国人对玉的理解，首先是从古代人对自然、天地、环境的神奇力量的不可捉摸到作为神来膜拜、祭祀，进而转变为宗教观念的。无论是道家、儒家、佛家，都认为充满神性的玉会给予人力量和智慧，进而拥有平安的人生。故玉器中出现了祭礼、避邪、护宅、护身等独特的文化景观。例如，祭

1　良渚玉器反映了中国新石器时代晚期艺术创作的杰出成就。在 20 世纪 70 年代至 90 年代，浙江良渚文化遗址频繁出土了不少珍贵文物。其中最令人注目的是琮、璧等玉器，其雕刻纹饰，繁密细致，和谐工整，尤其是那些细线阴刻，堪称微雕杰作。

礼的玉大体有璧、琮、圭、璋、琥、璜。《周礼·春秋·大宗伯》曰:"苍璧礼天",苍者如天之色,璧圆像天体之形;"黄琮礼地",黄色象征大地,四方喻地;"青圭礼东方",圭代表玉者的身份,也喻寓着太阳,青色代表东方,属木,喻春天,为天子大典之祭器;"赤璋礼南方",半圭称为璋,赤代表南方,夏天,属火;"白琥礼西方",世称为白虎西方,属金,喻秋天,白虎星为西方之星;"玄璜礼北方",璜为半璧,喻冬天、北方,属水。[1] 玉于古代中国所产生出来的精神文化,在世界文明史上是非常有意思的一个特例,是东方精神物化的生动体现,是中国文化传统精髓的物质根基。

玉是德行操守的象征。自春秋末年起,随着社会制度的变革,统治阶级为了维护社会安定,巩固其国家权力而崇尚玉器,并从社会理念上提倡"君子比德于玉",玉器作为德行操守的象征,日益受到重视。孔子阐明玉有仁、知、义、礼、乐、忠、信、天、地、德、道等十一种品德,把玉拟人化了。这种看法代表了儒家对于玉的认识,强调了玉的可贵不仅在于其外在的美,更在于其内涵与人的精神世界彼此相通并息息相关。人们赋予玉以德行化、人格化的内涵,使玉成为君子的化身。由于玉被赋予了如此丰富的道德内涵,因此君子必须佩戴它。"君子佩玉,无故不离其身"成为一时的风尚。君子比德于玉,佩玉成了君子有德的象征。《诗经》中也用玉形容品格高尚的人,把玉作为君子的象征,蕴含立朝为官、为人处世的标准。体现对高尚人格的要求。同时,玉器也是权力、等级、财富的标志。

人们之所以喜欢佩玉,是玉文化深层积淀在古人意识中的折射。他们认为玉具有护身保命的作用。《诗经·大雅·民劳》:"王欲玉女,是用大谏。"《朱熹集传》:"玉,宾爱之意。"也就是说,"玉"具有爱护、护助之功用。玉器作为一种吉祥类礼器,还蕴含着祈求吉祥的寓意。人们以玉祈求吉祥,往往通过刻于玉上的吉祥语或吉祥图案体现出来。如汉双龙"长乐"谷纹璧,就是以吉祥语"长乐"和吉祥图案"双龙"加以表现。明代以后,镌有各种吉祥图案的玉佩、玉饰尤其普遍,反映了人们祈求吉祥、驱邪避凶、免除灾祸的共同愿望,体现了人类对美好生活的向往。

殓葬玉器是指古人为保尸身不腐和灵魂永存而制造的随葬玉器。《周礼·天官·大宰》云"大丧,赞赠玉、含玉",说的正是这种玉器。以玉随葬的习俗古已有之,早期随葬玉饰比较简单,常见的有珠、璜、璧、琮、璋等,后来随着奴隶制、封建制的依次确立,随葬玉饰日趋复杂,更多地表现为一种严格的等级制度(图3)。

---

1 陈德锦、杨高云编著:《海韵珠宝》,云南人民出版社 2013 年版,第 22 页。

如《说苑·修文》在讲述古代口中置玉随葬之俗时说："天子含实以珠，诸侯以玉，大夫以玑，士以贝，庶人以谷实。"这时的随葬玉饰就不仅仅是一种简单意义上的随葬品，而是等级制度下权力、地位的象征。著名的金缕玉衣，就是把许多四角穿孔的小玉片用金、银、铜丝连缀起来，编成头、上衣、裤筒、手套、鞋五部分，并连接起来的丧服，是汉代规格最高的丧葬殓服，通常帝王、后妃或诸侯王死后必穿。古人认为，人是神形俱备的集合体，有形之躯壳虽然已经死去，但是无形之精气却仍然存在，并且仍然具有活人的种种欲望和需求，所以必须侍之如生前，为死者创造一个理想的冥间环境。在古人的观念中，玉是神灵之物，具有保养、护助的功效，以玉殓尸，可以达到预防秽气侵尸、真魂流散的目的，这是古人灵魂不灭理论在丧葬礼仪中的反映（图4）。

图3　仿汉代玉器——玉璜　　　　　　　　图4　徐州博物馆藏汉代金缕玉衣

　　对中国传统文化影响最大的，儒家之外就是佛教，道教尚居其次。佛教从古代印度传入中国之后，在流传和发展过程中，也和中国传统的玉文化发生了一定的联系，同时加速了自身的发展，巩固了自身的地位。佛教用玉的主要方式是用玉造像。佛教从古代印度的传入，是中国文化史上第一次大规模外来文化的输入，佛教传入中国之初受到以正统文化自居的儒家和道教的排斥和冲击。儒、道对佛教的排挤和冲击，刺激了佛教的发展，加快了佛教中国化的进程——以灵活的自我调节意识，投合中华民族的信仰方式和思维习惯，按中国文化的特点广泛传播。魏晋之后，统治阶级在全国各地开凿石窟、修建寺庙、雕塑佛像，同时也根据中国人的尚玉观念，用玉石雕刻各类佛教题材，促使佛教朝着与世俗结合的方向发展。唐代盛行的玉雕飞天，宋代盛行的碾玉观音[1]、玉雕持荷童子等也是佛教流行的产物，只不过随着佛教的世俗化，其形象更贴近当时人的生活风貌。直到现在，"男戴观音女戴佛"的玉器佩饰挂件依然流行（图5、图6）。

1　宋代玉雕工匠也称碾玉匠，其时盛行的玉观音雕件也称碾玉观音。

图5   洒金皮和田玉籽料弥勒佛挂件（翠福珠宝供陈）

图6   墨翠观音挂件（翠福珠宝供陈）

两大玉石：和田玉与翡翠

中华民族自古以来重德、重义，不论贫贱、富贵，皆把玉视为中国文化的代表、民族文化的基石、情操和道德的化身。中国人把玉看作天地精气的结晶，是人神心灵沟通的工具，从而使玉具有不同寻常的象征意义。中国的玉文化，延续时间之长，内容之丰富，范围之广泛，影响之深远，是世界上其他文化难以比拟的。

乱世藏金，盛世藏玉。当今中国经济高速发展，国泰民安，人们对玉石的追求又掀起新的高潮。和田玉和翡翠这两大名玉石则一直深受国人追捧和市场认可。

一、和田玉

和田玉是中华民族的瑰宝，曾几次被各界专家提名作为中国的第一"国石"。早在新石器时代，昆仑山下的先民们就发现了和田玉，并将其作为瑰宝向东西方运送，又视其为友谊的媒介，用作文化交流，形成了我国最古老的和田玉运输通道"玉石之路"。

在我国，和田玉主要分布于塔里木盆地之南的昆仑山，西起喀什地区塔什库尔干县之东的安大力塔格及阿拉孜山，中经和田地区南部的桑株塔格、铁克里克塔格、柳什塔格，东至且末县南阿尔金山北翼的肃拉穆宁塔格。和田玉成矿带长达1100多公里。

和田玉分山料、山流水和子料。山料又称山玉，或叫宝盖玉，指产于山上的原生矿，如白玉山料、青白玉山料等。山流水指原生矿石经风化崩落，并由河水搬运至河流中上游的玉石。山流水的特点是距原生矿近，块度较大，其玉料表面棱角稍有磨圆（图1-1）。子料又叫"籽儿玉"，是在河床里经数千年不断地打磨冲刷之后形成的，一般呈鹅卵石

图1-1　和田玉山流水雕件：拔萝卜（摄于浙江博物馆玉石专题展）

形。和田玉子料的形状、白度、润度及皮色俱佳才称得上精品。如能收上一块形状极佳且瑕疵较少的子料，的确是很难得，市场价格也很高。俗话说"玉不琢不成器"，但用来形容漂亮的极品子料不是很恰当，普通的和田玉可以雕琢成各种精美的器件。但对于形状漂亮的极品子料来说，任何一款仅此一件，连打个牛鼻眼都舍不得，通常采取用包金或包银的形式来保留子料原有的形状，保持天然而不加雕琢，即是一块精美的挂件（图1-2至图1-6）。

和田玉按颜色品系主要分类如下：

白玉（羊脂白玉）： 和田羊脂白玉是白玉中的极品，质地纯洁细腻，质感温润，色白，微透明，含透闪石[1]达99%，呈凝脂般含蓄光泽，其经济价值远高于其他和田玉。汉代、宋代和清乾隆时期都极推崇羊脂白玉，因其产量稀少而大多作为御制品。透明度和光泽稍次者为白玉，根据品质分为一级白和二级白（图1-7至图1-14）。

图1-2　和田白玉籽料大料

1　含水的钙镁硅酸盐，化学式为 $Ca:Mgs(OH)z(Si4011)2$。硬度为 6~6.5，密度为 2.96~3.17。

图1-3　和田白玉籽料小料

图1-4　和田玉各色籽料

图1-5　和田带皮白玉籽料和籽料手串

图1-6　和田玉洒金皮籽料原石把玩件

图1-7　和田羊脂白玉手镯　　　　　　图1-8　和田白玉手镯

图1-9　和田料小挂件

图1-10 和田白玉雕花大瓶

图1-11（左） 和田白玉平安无事牌挂件
图1-12（中） 和田白玉籽料貔貅把件（顾忠华大师作品）
图1-13（右） 和田白玉籽料雕福瓜挂件

图1-14 和田白玉籽料手串

青白玉： 其质地与白玉无显著差别，仅玉色白中泛淡青绿色，为和田玉中三级玉材，产量远大于白玉，市场价格略低于白玉（图1-15至图1-17）。

图1-15　和田青白玉壶

图1-16　和田青白玉籽料瑞兽雕件

图1-17　和田青白玉籽料观音挂件（翠福珠宝）

黄玉： 根据色度变化将其定名为蜜蜡黄、栗色黄、秋葵黄、黄花黄、鸡蛋黄等。色度浓重的蜜蜡黄、栗色黄极罕见，其价值可抵羊脂白玉。在清代，由于"黄"与"皇"谐音，又极稀少，上品黄玉的珍稀程度堪比羊脂白玉（图1-18）。

图1-18　和田黄玉牌籽（博观拍卖）

图1-19　和田糖玉俏色籽料巧雕蜗牛太极手把件（如石斋收藏）

糖玉： 白玉中带有焦糖色者称糖玉，又称为双色玉料，可制作"俏色玉器"。以糖玉皮刻籽料雕制成的手把件，惟妙惟肖，亦称为"金银裹"（图1-19）。

墨玉： 墨玉为黑色和田玉。黑色斑浓重密集的称纯漆墨玉，价值高于其他墨玉品种（图1-20）。

青玉： 青玉颜色呈深灰绿至深青绿色，不透明；好的青玉籽料油性极高，温润透泽，韧度一流，适合做玉器素活[1]（图1-21至图1-22）。

碧玉： 和田碧玉一般呈墨绿色或菠菜绿色，盛产于新疆玛纳斯县，也称玛纳斯碧玉。普通山料质地稍粗，以颜色纯正无杂且色艳者为上品，夹有黑斑、黑点或玉筋的属较差一档（图1-23至图1-24）。

图1-20　和田墨玉貔貅手把件（博观拍卖

1　玉器素活，玉雕中的行话，原本指的是仿制秦汉以前的炉、瓶、鼎等宫廷中的古器物的一系列工艺；后来引申为所有器皿类玉雕的基本工艺，甚至直接被用来指代玉雕器皿。玉器素活讲究平衡、稳重，比例匀称、圆润光滑，纹饰刻画较多。

图1-21　和田青玉玉器素活：碗

图1-22　和田青玉玉器素活：盂

青花玉：玉石中主要含分散的碳质或石墨而呈灰黑色或灰黑与青白色相间的条带（图1-25）。如果颜色完全是黑色的则为墨玉。

　　狭义的和田玉特指新疆和田地区出产的玉石，而广义的和田玉则包括俄罗斯和田玉、青海和田玉（又称昆仑玉），甚至韩玉、加拿大玉等以透闪石为主要化学成分的"外来玉"。我国青海和俄罗斯贝加尔湖地区出产的玉石别称分别为青海玉和俄罗斯玉，因皆为天山

图1-23
和田碧玉籽料黄瓜挂件

图1-24
和田碧玉手镯（玛纳斯碧玉）

图1-25
和田青花玉籽料山水牌挂件

图1-26
和田玉籽料雕牛形把玩件（俄料）

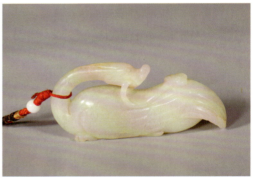

图1-27
和田玉籽料雕鹅形把玩件（青海料）

山脉的支脉所产，故而矿石成分最为相似。这种玉多为白色，呈现蜡状油脂之光泽，而且它的硬度与新疆和田玉一样。但这种玉所含石英质成分偏高，因此与正宗新疆和田白玉相比，质粗涩、性粳、脆性高、透明度大；经常日晒雨淋，容易起膈、开裂和变色。韩玉、加拿大玉等"外来玉"则色差大、密度低，更易辨别（图1-26至图1-27）。与翡翠相比，和田玉又称软玉，其实只是其硬度和密度稍逊于翡翠，但优质的和田玉韧性极高，不易碎裂。

二、翡翠

翡翠也称翡翠玉、翠玉、缅甸玉，是硬玉的一种，颜色呈翠绿色（称之翠）或红色（称之翡）。翡翠是在地质运动过程中形成的，主要由硬玉、绿辉石和钠铬辉石[1]组成的达到玉级的多晶集合体，硬度为6.5~7，密度在3.3~3.4。

翡翠早期并不名贵。纪晓岚（1724—1805）在《阅微草堂笔记》中写道："盖物之轻重，各以其时之时尚无定滩也，记余幼时，人参、珊瑚、青金石，价皆不贵，今则日。……云南翡翠玉，当时不以玉视之，不过如蓝田乾黄，强名以玉耳，今则为珍玩，价远出真玉上矣。"由此可知，十八世纪初，时人尚不认为翡翠是名贵玉，彼时翡翠价格低廉。但至十八世纪末，翡翠已是昂贵的珍玩了。二十世纪初，大约45公斤重的上等翡翠石料值11英镑。翡翠饰品中不乏精华，当时价格也很贵，但与现在已稳居奢侈品行列、动辄千万的价格相比简直是小巫见大巫。

翡翠名称的来源有几种说法，一说来自鸟名。这种鸟羽毛非常鲜艳，雄性鸟的羽毛呈红色，名翡鸟，雌性鸟羽毛呈绿色，名翠鸟，合称翡翠，所以行业内有翡为公、翠为母的说法。明朝时，缅甸玉传入中国后，就冠以"翡翠"之名。另一说古代"翠"专指新疆和田出产的绿色玉石，翡翠传入中国后，为了与和田绿玉区分，将其称为"非翠"，后渐演变为"翡翠"。

元明以来，东南亚诸国多为中国属国，缅甸也不例外。元朝曾多次向缅甸用兵，将其纳为藩属国，直到十九世纪后半叶英国入侵缅甸。历元、明、清三朝，中国与缅甸之间，大略而言，算得上宗主国和藩属国的关系。翡翠的开采、运输、加工、销售历来是中国云南人所为。在缅甸古都阿摩罗补罗城的一座中国式古庙里，碑文上刻有5000个中国翡翠商的名字。明中叶，朝廷派高官驻守保山腾冲专门采购珠宝，当时从永昌腾越至缅甸密支那一线已有"玉石路""宝井路"之称。腾冲至缅甸的商道最兴盛时每天有2万多匹骡马穿行其间，腾冲的珠宝交易几乎占了世界玉石交易额的九成。到1950年，在缅甸的腾冲籍华侨达30余万人。今天，在缅甸从事翡翠业的云南人数以万计，全世界90%以上的翡翠消费群体仍是华人，所以翡翠作为中华国石之一应不为过。

翡翠作为玉器大量使用虽仅有三四百年历史，但在中国玉文化中却极为重要。

---

1 辉石类，单斜晶系、完全解理，主要组成物为硅酸铝钠（NaAlSi$_2$O$_6$），超过50%以上的硅酸铝钠称作翡翠。

不论是清宫旧藏还是帝后殉葬品，都有许多精美绝伦的翡翠玉器。到了当代，翡翠业更是得到了前所未有的发展，呈现一派繁荣景象。

　　鉴别翡翠，所谓一看种，二看色，种好色佳才是精品。种好是指翡翠的玉质好、水头足，即透明度好，且结构紧，密度高。翡翠质纯无色者多呈白色，含金属矿物者呈翠绿或祖母绿色，以及褐、红、橙、紫（紫罗兰）、黑（灰）等色，所谓"七彩翡翠"。人们一般将红色翡翠称"红翡"，紫色者称"紫翠"，白色者称"白翠"，绿色者称"翠"或"绿"。如果红、绿、紫三色在一块翡翠上同时存在，则更显得美丽异常，被称为"福禄寿"或"桃园三结义"。如果从市场价值而言，呈纯鲜绿色者价格最高昂，又称"帝王绿"（图1-28至图1-41）。

　　目前市场上流行的翡翠种类，按加工处理等级划分，主要有以下三类，俗称A

图1-28　极品满绿翡翠挂件

图1-29　高冰种满绿翡翠挂件（翠福珠宝）

图1-30　翡翠柱形挂件（翠福珠宝惠让）　　图1-31　高冰种翡翠弥勒佛挂件（翠福珠宝）

图1-32　高冰种飘翠手镯（翠福珠宝）

图1-33　糯种阳绿翡翠手镯（成对）　　图1-34　冰种飘翠手镯（翠福珠宝）

图1-35　紫罗兰翡翠玉环（翠福珠宝）图1-36　翡翠紫罗兰饰品（耳钉戒指套件）

图1-37　冰种带翡墨翠观音挂件（翠福珠宝惠让）图1-38　墨翠包金挂件（翠福珠宝）
左：自然光下呈黑色
右：强光照射下呈翠绿色

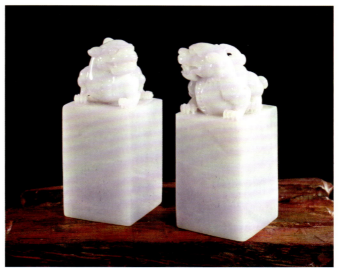

图1-39 翡翠螭虎钮章 　　图1-40 翡翠春带彩瑞兽钮对章（翠福珠宝惠让）

图1-41 红翡雕件（翠福珠宝）

货、B货、C货。A货具备一定收藏价值，B货、C货通常无收藏价值。

1. A货： A货，又称天然翡翠，既有天然质地，也有天然色泽。由于矿藏和开采量的关系，上等翡翠矿料日趋稀少。目前市场上优质的翡翠已十分罕见，特别是颜色翠绿、质地透亮的品种则少之又少。天然翡翠中如秧苗绿、菠菜绿、翡色或紫罗兰飘花等品种则为常见。A货翡翠在光照下以肉眼观察，质地细腻、颜色柔和、石纹结构明显；轻微撞击，声音清脆悦耳；手掂有沉重感，明显区别于其他石质。

2. B货： B货，又称人工净化翡翠。将有黑斑、杂质等俗称"脏""棉"的翡翠，用强酸浸泡、腐蚀，去掉"脏""棉"，增加透明度，再用高压将环氧树脂等注入因被强酸腐蚀而产生的微裂隙中，充填裂隙。B货翡翠初看种地、颜色不错，晶莹透亮，但仔细观察，其颜色不正，所谓"白者不白，青者不青"，整体底色发邪。强光照射下观察，其色彩鲜艳度减弱。B货翡翠通常会在两三年内逐渐失去光泽，满身裂纹，变得奇丑，这是由于强酸对其原有品质的破坏引起的。B货翡翠由于密度下降、重量减轻；轻微撞击，声音发闷，失去原来的清脆声。

3. C货： C货，又称人工注色优化翡翠，也称B+C货，去杂注胶，且完全人工注色。第一眼观察，其颜色就不正，发邪。灯下细看，颜色不是自然地存在于硬玉晶体的内部，而是填充在矿物的裂隙中，呈网状分布，没有色根。科学检测中通常用查尔斯滤色镜观察，绿色变红或无色；或用强力消字灵擦洗，表面颜色能够去掉或变为褐色。

对于新玉翡翠，通常一般的检测机构都很容易鉴别，正规商家也会出具专业检测机构的检测报告或直接标明，但也难免有某些不良商家以B货、C货冒充A货，欺骗消费者。值得注意的是，翡翠B货、C货处理过程中需要用到某些有毒化学物质，作为装饰品长期佩戴对健康不利，更谈不上"人养玉，玉养人"，所以一定要仔细鉴别。但是对于某些古玉翡翠而言，其经过长期佩戴把玩甚至曾随葬入棺，玉器表面已有沁质，极有可能被检测机构的检测仪器鉴定为"B货"，这时就需要有经验的翡翠鉴定专家更正了。由于化学成分和化学性质的不同，翡翠一般经不起长期的土壤侵蚀。

2 中华玉石：地域与门类

中国是世界上重要的产玉国，开采历史悠久，矿藏分布地域极广。据《山海经》记载，中国的产玉地有200多处，一些著名的玉矿至今仍在开采。除了深受欢迎的和田、翡翠两大玉石外，诸如河南独山玉、辽宁岫岩玉、陕西蓝田玉、青海昆仑玉等也颇受大众喜爱与收藏界的欢迎。从玉石饰品和文玩收藏角度，像云南黄龙玉、湖北绿松石、四川凉山和云南保山的南红玛瑙、盛产于东北的战国红玛瑙、东海之滨的天然水晶等也是著名的中华玉石。

一、河南独山玉

独山玉是中国四大名玉之一，有南阳翡翠之称，是一种重要的玉雕材料，因产于距河南南阳市北8公里处的独山，也称"南阳玉""河南玉"或"独玉"。与主要由一种矿物组成的硬玉、软玉不同，它是以硅酸钙铝为主的含有多种矿物元素的"蚀变辉长岩"。独山玉的硬度为6~6.5，比重为3.29，其硬度几乎可与翡翠媲美，故国外有地质学家称其为"南阳翡翠"。南阳玉的历史地位过去没有引起重视，其实其开采时间相当早，早在新石器时代晚期就被采用了。南阳黄山出土的一件南阳玉铲，经鉴定就是新石器时代晚期的产物。殷墟出土的有刃玉石器中有7件玉器，质料也全是南阳玉。南阳玉玉质坚韧微密，细腻柔润，色泽斑驳，有绿、蓝、黄、紫、红、白六种色素，77个色彩类型，是工艺美术雕件的重要玉石原料，中国四大名玉之一（其三为陕西蓝田玉、新疆和田玉和辽宁岫岩玉）。独山玉雕历史悠久，据考古学家推算，早在5000多年前先民们就已认识和使用独山玉了（图2-1）。

图2-1 河南独山玉雕件:《童趣》

二、辽宁岫岩玉

岫岩玉是辽宁省鞍山市岫岩满族自治县的特产,亦是中国历史上的四大名玉之一,其玉名最早见于西汉《尔雅》:"东方之美者,有医无闾之珣玕琪焉。"[1]

岫岩玉广义上可以分两类:一类是老玉,老玉中的籽料称作河磨玉,属于透闪石玉,其质地朴实、凝重,色泽淡黄偏白,是一种珍贵的璞玉;另一类是岫岩碧玉,其质地坚实而温润,细腻而圆融,多呈绿色,其中以颜色深绿、通透少瑕为珍品。岫岩玉山生水藏,质地坚韧,细腻温润,光泽明亮,色彩丰富,具有块度大、色度美、明度高、净度纯、密度好、硬度足六大特点,自古以来就是理想的玉雕材料。

岫岩玉物质成分复杂,物理性质多有差别,因而它不是一个单一的玉种。按矿物成分的不同,岫岩玉分为蛇纹石玉、透闪石玉、蛇纹石玉和透闪石玉混合体三种,其中以蛇纹石玉为主。

蛇纹石玉,也就是普通意义上的岫玉,主要出产于岫岩哈达碑镇的瓦沟地区。

---

1 就是说东方最美好的特产,有医无闾山的珣、玕、琪等玉石。晋郭璞对其注释为:"医无闾,山名,今在辽东。珣玕琪,玉属。"

这里5公里多长的山谷中矿藏量逾百万吨，是中国最大的玉石产地。蛇纹石玉颜色丰富，有浅绿、翠绿、黑绿、白、黄、淡黄、灰等，但以绿色为主。其中碧绿色、透明度好、无裂纹、少棉而且不跑色的绝对是高档玉料。蛇纹石玉硬度不高，摩氏硬度在2.5和5.5之间，普通玻璃的硬度一般为5至6，所以蛇纹石玉一般难以刻画。

在与瓦沟一岭之隔的偏岭镇细玉沟出产另一种透闪石成分的软玉，当地一般称老玉或细玉。这种玉质地异常细腻、坚韧，摩氏硬度在6至6.5之间，微透明，少量呈纯白色，多呈黄白色、青白、青绿色，其中以黄白老玉为上品。在岫岩还有两种非常有名的玉——河磨玉和石包玉，从矿物学角度而言二者也属于透闪石软玉。河磨玉产于河床砾石之中，因河水长期冲刷及砾石摩擦，棱角消磨殆尽而形成，并由此得名。石包玉的外表形状与山石无异，石皮内含玉，玉质丰润而坚硬，多分布在细玉沟河谷间地表下。由于玉质好，产量相对小，透闪石玉的价格要高于蛇纹石玉。

第三种岫玉是蛇纹石玉和透闪石玉的混合体，和翡翠有几分类似，也称"岫翠"。岫翠基本不透明或微透明，以绿白相间的颜色为主，白色为透闪石成分，绿色为蛇纹石成分，硬度和玻璃差不多，在5和6之间。

此外，如果从颜色上分，岫岩玉还可以分为碧玉、青玉、黄玉、白玉、花玉等十几种；按产地类型分，可以分为井玉、坑玉、石包玉、河磨玉等；按产地分，有瓦沟玉、细玉沟玉等（图2-2）。

图2-2 岫玉雕件：《连年有余》

图2-3　陕西蓝田玉雕件:《喜丰收》

三、陕西蓝田玉

　　蓝田玉是中国四大名玉之一,是中国开发利用最早的玉种之一。早在万年以前的石器时代,蓝田玉就被先民们开采利用,春秋时期蓝田玉雕开始在贵族阶层流行,唐时达到鼎盛。著名的秦始皇传国玺也有传说是用蓝田水苍玉制成,此后玉玺一直作为皇权的象征,在中国流传。

　　"蓝田玉"因其产于陕西省西安市的蓝田山而得名。历代古籍中均有蓝田产美玉的记载,《汉书·地理志》载:"蓝田,山出美玉,有虎候山祠,秦孝公置也。"其后,《后汉书·外戚传》《西京赋》《广雅》《水经注》和《元和郡县图志》等典籍文献,都有蓝田产玉的记载。

　　现代开采的蓝田玉矿床位于蓝田县玉川镇红门寺村一带,含矿岩层为太古代黑云母片岩、角闪片麻岩等。玉石为细粒大理岩,主要由方解石组成(图2-3)。

四、青海昆仑玉

昆仑玉产自昆仑山脉东缘，与和田玉同处于一个成矿带上。昆仑山以东称为昆仑玉，山以北称为和田玉，两者直线距离约300公里。昆仑玉质地细润、淡雅清爽，油性好，透明度高。昆仑玉可分白玉、灰玉、青玉、白带绿玉、糖包白玉等，以晶莹圆润、纯洁无瑕、无裂纹、无杂质者为上品。2010年9月30日，原国家质检总局批准对"昆仑玉"实施地理标志产品保护。

青海昆仑玉属于软玉成分，主要以透闪石、阳起石为主，并含有其他微量矿物成分的显微纤维状或致密块状矿物集合体。昆仑玉质地细腻、透明度高、硬度高、韧性强（摩氏硬度6.5以上），抛光后光泽度高，颜色柔和明亮，是理想的工艺品雕琢原料，具有特定的地域性和广阔的市场前景。昆仑玉主要为山料，有少量山流水料，迄今尚未发现籽料；但昆仑玉的山流水"皮料"非常有名，它是经构造挤压而散落在矿脉附近的残坡积物。和田玉按颜色分类有白玉、青白玉、青玉、糖玉、黄玉、碧玉、墨玉等，昆仑玉的颜色更为丰富，除以上颜色的玉石外还有烟青玉、翠青玉、紫罗兰玉等，这些都是昆仑玉独有的。经过市场20年的洗礼，一些优质品种昆仑玉脱颖而出，尽管分类未必科学，但在玉石界已有了声誉。2008年北京奥运会奖牌就是采用昆仑玉料以传统金镶玉工艺制作，金、银、铜牌分别镶嵌昆仑白玉、碧玉和墨玉（图2-4）。

五、云南黄龙玉

黄龙玉最初称黄蜡石，由于其产于云南龙陵，又以黄色为主色，故得名黄龙玉。其有着田黄般的颜色、翡翠般的硬度，透度高，色彩鲜艳丰富。

黄龙玉主要产自云南省保山市龙陵县小黑山自然保护区及周边的苏帕河流域，距离缅甸翡翠产区非常近，同属于亚欧板块和印度洋板块相互挤压而成的滇缅宝玉石成矿带。

黄龙玉是2004年在云南龙陵新发现的一种玉，其主色调为黄、红两色，兼有羊脂白、青白、黑、灰、绿等色，有"黄如金、红如血、白如冰、乌如墨"之称。具体说，黄色有金黄、蜜黄、蛋黄、鸡油黄、橘黄、枇杷黄等深浅不一的颜色；红色有鸡血红、朱砂红、猪肝红、玫瑰红、浅红、水红等；白色有雪白、冰白等。2011

图2-4　2008年北京奥运会奖牌采用昆仑玉料以传统金包玉工艺制作

年2月，黄龙玉被国家正式收录于《国家珠宝玉石名录》，成为与翡翠、和田玉等齐名的天然宝玉石。

　　黄龙玉的主要成分有二氧化硅、白云母等，另含有铁、铝、锰等金属元素及40多种微量元素，和水晶不同的是其并非单晶体，而是类似翡翠及和田玉的多晶复合体。其硬度与翡翠相当，摩式硬度为6.5~7，韧性好于翡翠，略低于和田玉，所以是非常适合雕刻的优质玉石材料。黄龙玉自发现以来屡获中国玉石雕刻最高奖——天工奖等大奖，并逐渐为人们所熟知、喜爱和收藏，具有极高的观赏价值和投资、收藏价值。制作形式的多样性也是其独有的特质，既可以作为高档珠宝饰品、手玩件、摆件，也可以制作成印章、仿古礼器等，其籽料、水草花等还可以作为原石赏玩（图2-5至图2-7）。

图2-5 大块黄龙玉原石（选自毛秋莉课程作业）

图2-6　黄龙玉俏色巧雕：《龙龟》　　　　　　　　　　　　　图 2-7　黄龙玉：《奔马》

六、湖北绿松石

　　绿松石属优质玉材，中国古人称其为"碧甸子""青琅玕"等，欧洲人称其为"土耳其玉"或"突厥玉"。绿松石是国内外公认的"十二月生辰石"，代表胜利与成功，有"成功之石"的美誉。因所含元素的不同，绿松石颜色也有差异，氧化物中含铜时呈蓝色，含铁时呈绿色，多呈天蓝色、淡蓝色、绿蓝色、绿色以及带绿的苍白色。其中颜色均一，光泽柔和，无褐色铁线者品质最好。

　　绿松石是铜和铝的磷酸盐矿物集合体，以不透明的蔚蓝色最具特色，也有淡蓝、蓝绿、绿、浅绿、黄绿、灰绿、苍白色等色。一般绿松石硬度5~6，密度2.6~2.9，折射率约1.62。长波紫外光下，可发淡绿到蓝色的荧光。

　　绿松石是古老宝石之一，有着几千年的灿烂历史，深受古今中外人士的喜爱。5500年前，古埃及人就在西奈半岛上开采绿松石，第一王朝时，埃及国王曾派出组织严密并有军队护卫的两三千人的劳动大军，寻找并开采绿松石。考古工作者在挖掘埃及古墓时发现，5500年前埃及国王就已佩戴绿松石珠粒。

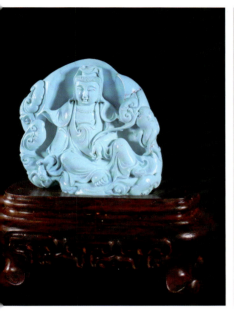

图2-8　高瓷绿松石雕观音摆件　图2-9　湖北绿松石雕件：观音挂牌（左）与瑞兽手把件（右）
（陈永华收藏）

中国是绿松石的主要产出国之一，多地均有绿松石产出，其中以湖北郧阳、郧西、竹山一带为主要产地。世界上75%的绿松石出自湖北省十堰市的郧阳区，总的来说，十堰出产的绿松石，料面纯净，质地细腻，色泽艳丽，颜色多为天蓝、碧绿、粉蓝或粉绿色，其中天蓝或碧绿者为上品，极为罕见。湖北十堰产的绿松石，古称"襄阳甸子"或"荆州石"，其中以郧阳的质量最好，国际上称其为"云盖石"。湖北十堰绿松石形状多为肾状、葡萄状，一般有核桃或苹果大小，大块不多，对应于"襄阳甸子"，人们把新疆的绿松石，称为"河西甸子"。据说每得到100克绿松石，需要挖1立方米岩石，可见绿松石的珍贵（图2-8至图2-9）。

七、南红玛瑙

南红玛瑙是玛瑙的一个种类，古称"赤玉"，质地细腻油润，是中国独有的品种。由于产量稀少，老南红玛瑙价格较高。目前，在玉石佩戴与文玩收藏领域，南红玛瑙已经和和田玉、翡翠形成三足鼎立之势。

典型的南红玛瑙产地主要是云南，其中最具代表性区域为保山市的玛瑙山，徐霞客曾记："上多危崖，藤树倒罥，凿崖进石，则玛瑙嵌其中焉。其色月白有红，皆不甚大，仅如拳，此其蔓也。随之深入，间得结瓜之处，大如升，圆如球，中悬为宕，而不粘于石，宕中有水养之，其晶莹紧致，异于常蔓，此玛瑙之上品，不可猝遇，其常积而市于人者，皆凿蔓所得也。"此外，四川省凉山彝族自治州美姑县也出产南红玛瑙矿石。凉山彝族自治州玛瑙是新发现的南红玛瑙矿石，美姑玛瑙亦成为奇石玩家们追逐的对象，保值收藏的奇货。相较而言，保山南红色艳但易裂，取不裂大料较难且难雕琢；凉山南红色泽稍逊，但取料大而不裂，易于雕琢。

南红玛瑙原料因地质环境不同，质地、矿态也不相同，不同地质环境下呈现出不同的外观。根据南红玛瑙原料的天然形状，一般可分为：水料南红、山料南红、火山南红。而综合已知的南红材料及以往业内的常规说法，我们按颜色可将南红分为：锦红料、玫瑰红料、朱砂红料、红白料、缟红料等。

红色在中国具有喜庆吉祥的寓意，因为它不单单是一种颜色，更承载着中国人的美好愿望，所以红色在中国很受欢迎。对于颜色赤红的南红玛瑙而言，很多人认为南红玛瑙是一种吉祥物，并热衷于收藏市场需求的旺盛导致了南红玛瑙的价格节节攀升（图2-10至图2-12）。

八、战国红玛瑙

战国红玛瑙指近年开采于辽宁朝阳北票和河北宣化等地的彩色玛瑙，因其与制于战国时期的一批出土玛瑙饰物同料，因而目前此种玛瑙被称为战国红。战国红，黄为尊，红为贵，色多而不杂谓之君臣分明，此曰"君臣之纲"；缟玟幻化无常，水线穿梭其中，此曰"无常之道"；光华内敛，华而不张，乃玛瑙中君子者也。

战国红玛瑙器物主要发现于我国北方地区，其多用于剑柄、珠串、环佩等。战国红玛瑙作为陪葬物或礼器等，地位很高，非常贵重，但自汉以降则成品很少，几乎绝迹。现代以来，战国红首先发现于北票地区，以产地命之曰"北票红缟玛瑙"。北票早期所出的战国红矿石，冻料较少，但红黄颜色艳丽，缠丝明显，其中被称为"动丝"、"活丝"或"闪丝"的料尤为珍贵，北票战国红中的上品多于早期出产。中期冻料出现较多，红黄色艳丽度下降，但缠丝增多，中期偏后出现了土黄料、深红料，料性也趋干，透润度下降，但仍不失美丽与华贵。目前，辽宁朝阳北票地区的

图2-10　南红玛瑙插屏心形摆件《心有佛祖》（名石馆）

图2-11　南红玛瑙挂件一组

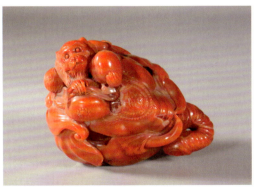

图2-12　南红玛瑙雕件《封侯拜相》（名石馆）

图2-13　战国红玛瑙
左：古代
右：现代

战国红玛瑙矿政府已实行管制，出料限制较多，而随着挖掘的深入，早期的好料和后期的极品料愈发稀有，升值很快，可以说是继南红后的又一玛瑙新贵（图2-13）。

九、东海水晶

　　水晶是一种稀有矿物，是宝石的一种，为石英结晶体，在矿物学上属于石英族，主要化学成分是二氧化硅。纯净的水晶往往为无色透明的晶体，当含有某些微量元素时会呈现粉色、紫色、黄色、茶色等。含伴生包裹体矿物的被称之为包裹体水晶，如发晶、绿幽灵、红兔毛等，内包物为金红石、电气石、阳起石、云母、绿泥石等。东海水晶是江苏省东海县特产，是中国国家地理标志产品。东海是世界天然水晶原料集散地，有着"世界水晶之都"美誉。东海水晶以蕴藏量大、质地纯正著称于世，2013年入选20个"江苏符号"。东海水晶的开发利用可追溯到十九世纪，东海是中国最大的水晶市场，同时也是世界水晶交易重要的集散地，享有"东海水晶甲天下"的美称。

　　东海县水晶矿产资源十分丰富，水晶储量及品位均居全国之首，水晶产品的产量和销量均占全国总量的一半以上。东海优质水晶主要产于平明镇安营、房山镇柘塘、驼峰镇南榴、曲阳镇张谷、牛山镇曹林等地。其中安营红土山附近有柳树行和观音堂两处出产上等水晶，包括紫水晶、墨水晶、米黄水晶和绿水晶等罕见品种。

　　中国古代典籍中都有大量赞叹和吟唱东海水晶的篇章。宋代诗词大家苏东坡一

图2-14　天然水晶雕件《大法轮》
（摄于浙江省博物馆玉石展）

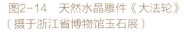

图2-15　天然水晶雕件《佛像》
（摄于浙江省博物馆玉石展）

生两次到过东海，他所写的诗词有9次提到东海，4次提到水晶。如在《念奴娇》中写道："水晶宫里，一声吹断横笛。"明代大文学家、淮海浪士吴承恩曾来东海花果山构思、创作《西游记》，第一次塑造出一个美丽虚幻的"东海水晶宫"，虽充满想象，但也非凭空臆造，或东海神奇的水晶激发了作者的文学才思。

陈列于中国地质博物馆的"水晶大王"就出自东海，净重3.5吨。又有"水晶二王""水晶三王"等均出自东海，"东海水晶甲天下"因此闻名（图2-14至图2-15）。

3 古玉新玉：断代与传承

　　收藏界中时常有人将古玉、新玉作对比，有人说新玉胜过古玉，有的则说古玉胜过新玉。实际上，古玉、新玉各有千秋，主要看收藏者的个人审美和品位。玉器收藏界有这么一句话，"新玉玩的是料，古玉藏的是魂"，越是古老的玉器，越具有摄人心魄的魔力。玉器，特别是古玉，已经成为时下投资、收藏的首选，玉器价格也容易炒作，某些玉器甚至出现天价。我国的玉器制作和玉石文化从未间断，其本身就是整个中华文明的典型代表。玉器在古代社会曾作为神器、王器、礼器等，它是统治者地位和权力的象征，很长一段历史时期其并不是普通老百姓所能拥有的。从西周开始，古玉就为帝王将相和文人墨客竞相收藏，经过历代藏家的搜集，流散于市场的真古玉已经成为非常稀缺的不可再生资源。所以，相对于现代玉石来说，无论从文化鉴赏还是投资的角度，收藏古玉更具有投资潜力。但很多人认为，古玉"看不懂"，收藏难度高，遂在收藏界流传有"买古玉不如买新玉"一说。投资者往往会投资鉴定难度较小、玉质较好的明清玉器和现代玉器。实际上，新玉所蕴含的文化、历史价值是根本无法和古玉相比的。玩赏古玉需要胆识和经验，而普通大众对古玉的了解有限，难以了解其全貌，所以新玉成了普通大众收藏的首选。但对于痴迷于收藏古玉的人来说，古玉中蕴含更为浓重的人文情趣和文化价值。总之，国人爱玉由来久矣，无论古玉的传承还是新玉的鉴赏，都有赏玩的乐趣。

图3-1　仿汉代玉猪

一、高古玉

　　一般而言，汉代及以前的玉器称为高古玉。除了传世品，高古玉多深藏地下两三千年以上，会发生一些"质变"，比如氧化白斑（俗称灰皮）、钙化、瓷化、晶状物析出、次生物出现等；不同的物质沁入玉器里面，就给玉器带来各种各样的颜色，此叫做沁色，有红沁、朱砂沁、土沁、水沁、金属沁、水银沁等。受沁程度因土壤、气候、压力、温度等外部条件而异。这些色沁一般都由表及里分布，有一种层次感、灵动感和通透感，看上去很自然、舒服。而现代沁染作假的仿古玉器，沁色死板，浮在表面，没有层次感。

　　大部分高古玉都是用和田玉制作（石器时代和夏、商、周时期用地方料较多），到了汉代，玉的种类多样且造型、工艺等都达到了一个很高水平，特别在制作技术和风格方面。古代的玉器加工是通过人力用解玉砂来研磨，用砣具来雕琢，但每个时代都有自己的工艺特点，如石家河文化的减地阳线，殷商的双钩拟阳线，西周的一面坡阴线，汉代的游丝毛雕、汉八刀的琢工，等等。

　　高古玉器不仅有古朴的包浆，同时又蕴含着厚重的历史文化气息，而且又有饱含神韵的外表，而现代的仿品则缺少高古玉独有的神韵。收藏爱好者要多看一些权威人士的玉器著作，因为他们其中有很多人出自文物部门或博物馆，看真东西多，理论水平高。另外还可以到各地的博物馆、文物商店或拍卖行去看看真品，也能提高鉴赏能力。也应该常去古玩市场，在那儿可以掌握现代仿品的变化情况，了解赝品才能体会真品的可贵（图3-1）。

二、中古玉

一般而言，汉代以后至宋元时期的玉器称为中古玉。这一时期由于不流行玉器陪葬，以及历年战乱、政权更迭造成的社会动荡等各种原因，市场上见到的玉器比较少。

1. 魏晋南北朝时期的玉器

魏晋南北朝从公元220年至公元589年，369年间共有30余个王朝先后存在。其间社会动荡不安，战乱纷起，政权更替频繁。处在这样的社会条件下，玉文化的发展受到了抑制，从汉代玉器的辉煌期进入到了玉器发展的低潮期。中国玉器发展史也从此告别了"王玉时代"，玉器逐渐以装饰玉、实用赏玩玉为主，并走进了商品流通领域。

2. 唐至元时期的玉器

唐至元时期的玉器，表现出较强的民俗化倾向，作品多反映人们的日常生活，花鸟纹大量出现，动物纹饰也更加生动真实。唐代的玉雕"胡人造像"则代表了唐代玉器全新的风格和发展趋向。这些古玉里的胡人深目高鼻、卷发，身着窄袖束腰衣，肩披云带，足穿长靴，或手持珍宝站立，或手舞足蹈，不仅反映出当时的礼仪制度和艺术风格，也为唐史研究提供了佐证（图3-2）。金元时期帝王或贵族多于春天在湖泽、水边狩猎，时称"春水"，金代赵秉文所作《扈从行》中"圣皇岁岁万机暇，春水围鹅秋射鹿"二句即是对此情形之记录。如图（3-3）中仿金代玉器《童子戏鱼》正是当时的玉雕题材风格。

北宋的统一带来了一定时期文化经济的繁荣，也促进了玉器制作工艺及玉器文化的发展。宋代出土古玉增多，助长了仿制古玉之风的盛行。周代、汉代包括良渚时期古玉器的大量出土吸引了当时文士阶层的兴趣，他们热衷于对古代器物的整理与研究，此举激发了当时收集古玉的热潮。因此，宋代出现了制作仿古玉的作坊。经济的繁荣稳定也促进了民间玉器配饰消费和相关玉器产业的发展，玉不再为皇家专用，而进入市场流通，玉器主要的消费对象亦不再限于宫廷高官贵族和文人雅士，而是扩及普通百姓，因此宋代玉器出现了平民化、世俗化的趋向。从唐代兴起的花卉纹玉器到北宋得到了继承和发展，宋代的花鸟形玉器更为写实，花朵、花瓣、花茎一应俱全。最能反映宋代佩饰玉器工艺水平的首推各种雕工精细、形态优美的花鸟及兽形玉佩（图3-4）。

图3-2　唐代白玉雕胡人坠

图3-3　仿金代玉器《童子戏鱼》

图3-4　宋代玉犬（浙江省博物馆藏）

三、明清时期的玉器

　　明清时期的玉器渐趋脱离五代、宋玉器形神兼备的艺术传统，形成了追求精雕细琢装饰美的艺术风格。同时，古玩界为适应收藏、玩赏古玉器的社会风气，还大量制作逼真的伪赝古玉器。

　　明清时期玉器造型的主要特点是，与当时的绘画、书法以及工艺雕刻紧密联系，全面继承了前代玉器多种碾玉工艺和技巧，并有显著的发展与提高，碾法突出体量感，并追求工笔画的精细特色。其玉质之美、品

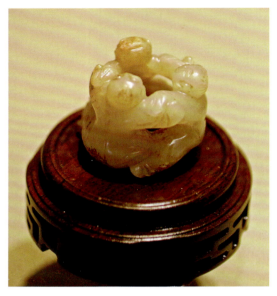

图3-5　明代玉雕《围坐三童子》（浙江省博物馆藏）

图3-6　清代玉佩

种之多、应用之广均空前绝后。尤其清代乾隆时期各类玉器素活工艺碾法要求严格，规矩繁杂，线如直尺、圆似满月，姿角圆润光滑，无论是器物的内膛、侧壁或痕、足等次要部位也一丝不苟，里外均花费大力气，做工十分讲究，镂空尤其重要，俏色玉各种色泽组合天衣无缝（图3-5、图3-6）。

四、新玉

新玉收藏常常被古玩界一些资深玉器藏家称之为"小儿科"而不屑一顾，其实这是一种极为陈旧的观念。为什么这样说？常言道，"萝卜白菜，各有所爱"，老玉有古意的魅力和神韵，新玉有时尚的气息与特色。老玉难辨识、难鉴定、难估价，有价无市，真真假假，难以判断；新玉易辨识、好鉴定、价格透明、工艺和品级有标准，既可购成品，也可买料定

图3-7　仿清代玉器镂空雕玉饰牌

图3-8　和田玉籽料蛟龙雕件（新玉新工）

图3-9　和田玉籽料雕瑞兽手把件

制,可满足不同需求。总之,老玉有长处,新玉的优点也不少,因此,只能辩证地去看待,或者根据各人的喜好来取舍。俗语道,"乱世藏金,盛世藏玉",当下正值盛世,和平与发展是世界共同主题,文化交流互通共享是人心所向,中国的玉石文化产业也得到进一步繁荣与发展。收藏新玉,主要是看材料与工艺,玉器的材质之美主要看色泽是否"浓(浓郁)、阳(鲜明)、俏(色美)、正(纯正)、和(柔和)"这五个特点,如兼具之,即为上品。反之,若玉器"淡(平淡)、阴(阴暗)、老(色暗)、花(不纯)、斜(不协调)",则是劣品。玉器雕刻,首推传统的苏工、沪工,当然各地也不乏名师大家。无论是新题材还是仿古工艺,纯手工雕琢的当代名家留款工艺玉器自然更具收藏价值(图3-7至图3-10)。

图3-10　洒金皮和田青花玉籽料福豆挂件(翠福珠宝惠让)

印石鉴赏

第二篇

中华印石鉴赏与
文化传播

底蕴深厚的中华印石文化

　　印石是中国传统艺术中篆刻艺术的载体，宋元以来随着书画艺术的发展逐步进入艺术之林，又因一些文人、士大夫参与设计或雕刻，更使印石身价倍涨，印石亦成为我国特有的艺术鉴赏品类。

　　秦代至元代之前以铜、玉为印材，此类印材质地坚硬且难以镌刻，故彼时印章多出于实用，过去帝王、士大夫名号之类鉴藏章，亦多由专业印工铸造或琢制而成。据传元末画家王冕（1287—1359）首创花乳石治印，开文人篆刻之先河。"以石治印，行刀如笔"是指将刀法和笔法糅合在一起，镌出具有书法笔意的印章。又将此类印章钤于书画之上，使书画作品的布局更臻完美，成为中国书画作品不可或缺的点睛之笔。明清之后印坛群星璀璨，流派纷呈。纯净细腻、柔软而莹澈的印石深受人们喜爱，寿山、青田等石材逐渐被引入篆刻领域。同时，石雕艺人们又在印石上做起雕饰钮制的尝试。匠心独运的艺人们在继承历代传统制钮艺术的基础上因材施艺，因色取俏，以圆雕、透雕、浮雕等手法充分利用石材的质地、色彩，创造出古兽、翎鸟、鱼虫、人物花果或博古图。其内容取材广泛，寓意包罗万象，有镇宅辟邪的雄狮瑞兽、"龙生九子"[1]（图1），有华美喜庆的"龙凤呈祥"；有民间传说的"刘海戏蟾"、"麒麟送子"，也有雕出荷叶、莲花寓意"一品清廉"，蝙蝠铜钱意为"福在眼前"，还有以谐音而雕的猴坐马背——"马上封侯"，花果昆虫——"飞黄腾达"等，将人们抒情明志、祈福求贵的愿望充分表现在印石雕刻之

---

[1]　中国古时民间有"龙生九子，不成龙，各有所好"的传说。但九子是什么，说法也有不同。印石雕刻界主要以流传已久的《中国吉祥图说》所述为准。（1）老大囚牛，喜音乐，蹲立于琴头；（2）老二睚眦（yá zì），嗜杀喜斗，刻镂于刀环、剑柄吞口；（3）老三嘲风，形似兽，平生好险又好望，殿台角上的走兽是它的形象。也有人一直认为它是有着龙脉的凤；（4）四子蒲牢，受击就大声吼叫，充作洪钟提梁的兽钮，助其鸣声远扬；（5）五子狻猊（suān ní），形如狮，喜烟好坐，所以形象一般出现在香炉上，随之吞烟吐雾；（6）六子霸下，又名赑屃（bì xì），似龟有齿，喜欢负重，是碑下龟；（7）七子狴犴（bì àn），形似虎，好讼，狱门或官衙正堂两侧有其像；（8）八子负屃（fù xì），身似龙，雅好斯文，盘绕在石碑头顶；（9）老九螭吻（chī wěn），又名鸱尾或鸱吻，口润嗓粗而好吞，遂成殿脊两端的吞脊兽，取其灭火消灾。

图1 《龙生九子》雕钮组章（雅安绿冻石 傅小龙收藏）

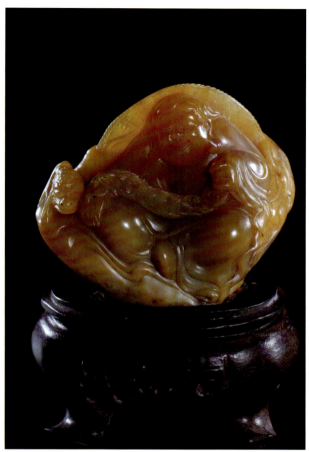

图2 《刘海戏金蟾》（昌化田黄石雕件 林庆工作室作）

图3 《福在眼前》昌化田黄石雕件（林庆作品 荣获浙江省传统美术雕塑青年作品评选活动金奖）

上（图2至图3）。风格多样的优美钮饰，使印章在作为信记功能之外又增加了观赏和收藏价值，从而进一步发展繁荣了印石文化，使印石篆刻艺术成为今天的华夏瑰宝、东方奇珍。

如何鉴别印石之优劣？若不论产地，从总体上去判别，笔者认为鉴赏印石通常要把握四个方面：

图4　乾隆田黄章：九读

图5　乾隆田黄章：六读

图6　乾隆田黄章：四读

1.密度。密度有时也称灵度。细分籽结晶体的印石灵度高，抛光以后表面光泽度和滋润度俱佳。典型的如印石中的田料、掘性料、水坑料[1]等。

2.纯净度。一般而言，印石越纯净，品质越高，比如田黄石中的田黄冻、鸡血石中的软地大红袍、青田封门青中的灯光冻等。印石中的软地冻石纯净度通常都比较好，大多呈油冻、肉冻、水冻、晶冻之状，能透光或部分透光。

3.色彩鲜艳度。无论红、黄、蓝、白、绿，印石色彩要鲜、艳、正且不浮躁，耐看为上。

4.石形品相。同等品质的名贵印石重量越重，体积越大，其价值就越高。若制成印章，形状当以方章为佳，有裂之石最不可取，大跌身价。若不能锯成方形正章，或有明显裂纹杂质，但属上乘石材，有时也可做扁章、椭圆章、自然无形章或作雕钮处理，避其瑕疵。能成章者尽量做章，不能成章者可雕琢成摆件、手把件甚至是手串、小挂件。如今最为可贵者，当数寿山田黄石，由于产量极

1　所谓"掘性石"原指埋藏在寿山矿区一带田野、砂土以及溪涧中的优质印石料，隐于山间砂土之中的叫"掘性料"，埋藏于水田之中的则为"田料"，常年淹没于水坑之中的称为"水坑料"。这些独石因长期埋于地下潮湿环境中，其质地、颜色也会因所处环境的不同而有所差异。一般而言，落入潭水的独石，其质多莹澈；埋藏田间湿地的独石，其质较温润；而散在山野沙土中的独石，必多土蚀痕迹。绝大部分的独石都产于矿脉附近。既有其母矿的特征，但两者又有区别，但绝大多数独石的品质优于同类矿洞所产，其价亦高，最贵重的田黄石就属"田料"。当然，广义而言，其他印石矿区也出产类似的田料、掘性料、水坑料，比如昌化石、老挝石。

图7　乾隆田黄三联章（摄于北京故宫博物院）

为稀少，价值极高，以至惜石如金。因早已采不到大料，现很少见有田黄石章料，可见田黄成大章者只有明清文物了（图4至图6）。最具盛名和传奇色彩的乾隆帝印玺"田黄三联章"[1]，是寿山田黄石链条章雕刻的杰作（图7）。

1　乾隆御宝田黄三联章就是由高级雕刻师和篆刻师在一块大田黄石上精心合作雕成的，极为精美，大方典雅。三条活石链条，连接着三枚印章：左印方形，刻"乾隆宸翰"；右印亦方形，刻"惟真惟一"；中间印为椭圆形，刻"乐天"。相传当年日本战败，末代皇帝溥仪出逃时随身棉袄中唯一夹带的便是此宝物。

4 四大国石：寿山、青田、昌化、巴林

印石中的福建寿山石、浙江青田石、昌化鸡血石、内蒙古巴林石以各具特色的艺术形式和丰厚深邃的文化内涵，屹立于世界文化之林，闪耀着华夏民族的光辉，被誉为"四大国石"。这四大国石，尽管产地不同，品质不同，开采利用的时间各有先后，但有着一个最重要的共同点，那就是色彩绚丽斑斓，质地细腻温润，光泽晶莹娇媚，既是篆刻的上佳石材，又适合镌刻各类丰富多彩的雕件，真所谓美不胜收，言不能表。

一、寿山石

寿山石产于水碧山青、风景秀丽的福建省福州市寿山乡，因为此地是天造地设的福地，前人便将其唤作寿山，古老传说女娲补天中的遗石寿山石便深藏此山中。寿山石质地纯净者，色泽多润白，若微含其他成分者则呈五彩。质地好的寿山石表面一般呈珍珠、凝脂或玻璃光泽，绝大多数都有滑腻感。寿山石主要分田坑、水坑、山坑三大类。田坑石简称田石，产于寿山溪旁水田古砂层中，外形殊异，靠深挖田土收集而来，最为稀有。水坑石产于坑头占山麓，位于寿山乡东南1.5公里处，因矿脉陡峭，易生成晶冻类珍品，多透明状，光泽好，质地细腻。山坑石矿分布达10多平方公里，出品极多，质地差异较大，变化复杂。目前最具盛名的寿山石品种则首推田黄石、荔枝石和芙蓉石。寿山石中最名贵者为田坑出产的田黄石，素有"石帝""石中之王"的美称。田黄石昂贵之原因大概有三：一是传说明太祖朱元璋和清乾隆皇帝均喜好田黄，因而使其身价倍增，加之黄色一向为帝王专用，而田黄又特别晶亮，所以田黄石非常昂贵。二是意境好，所谓福寿一向为帝王所追求，田黄取福寿双全之意，更显珍贵。三是田黄产于寿山溪旁水田古砂层中，外形特殊，

图4-1 寿山田黄石小雕件《节节高》　　　图4-2 寿山田黄石薄意小雕件（江南名石馆）

图4-3 寿山田黄石的萝卜丝纹与红筋格　　图4-4 寿山田黄石瑞兽纽章

质地绝佳，独石分散，无根而璞，无脉可寻，本身就十分稀有，当然物以稀为贵（图4-1至图4-7）。

　　寿山荔枝石也称荔枝冻，是二十世纪八十年代大量开采的一个高山石石种，石农按矿洞分为红妹洞荔枝、依亮洞荔枝等；若按色泽和石质的特征又可分为红荔枝、黄荔枝、红黄荔枝、纯白荔枝、老性荔枝和新性荔枝冻石等，其中白色者极似新鲜荔枝肉，故以荔枝冻作为石种名称。荔枝冻石晶莹透澈，性坚凝结，一部分隐现粗萝卜纹。其以白色为多，也有黄红灰色及五彩相间者。此石一出，立即成为收藏家

图4-5　寿山田黄素章
（56克 2.2cm×2.28cm×4.94cm）
（名石馆）

关注的对象，加之荔枝冻石产量稀少，矿洞开采没几年后就绝产了。现存荔枝冻石的名章雕件都在藏家手中，少量现于拍卖会，价格不菲（图4-8至图4-9）。

芙蓉石是最具代表性且开采量最大的一类寿山石料，上品芙蓉石天生丽质，雍容华贵，微透明而似玉非玉，手感特别好。与其他坑石相比，芙蓉石的主要特征是凝结

图4-6　寿山田黄石山水人物小雕件（名石馆）

图4-7　寿山田黄小钮章（12.5克）

脂润、细腻纯净，而且品玩最容易上"包浆"[1]。芙蓉石中最具传奇色彩的当数将军洞芙蓉石，将军洞又名"天峰洞"，清乾隆时，因矿权被一位满族将军所占有，故名"将军洞"。此洞所出石料质地纯净，柔洁通灵，为芙蓉石中的极上品。后此洞坍塌，将军洞芙蓉石遂绝产（图4-10至图4-16）。

　　艾叶绿也是寿山山坑石中的著名品种。南宋福州知府梁克家《三山志》中

1　长期将寿山石在人的手上、脸上摩挲，石与皮肤的摩擦使其亮度增加，人体的油脂与温度使石质更加温润通灵，火气褪尽，老到成熟。这种由于长期把玩而在石料表面形成的特殊的蜡质光亮谓之"包浆"。

图4-8　寿山荔枝冻薄意雕方章

图4-9　寿山黄白芙蓉冻石太师少师钮方章
（二号矿冻 摄于名石馆）

图4-10　寿山红白彩芙蓉冻石太师少师钮方章
（摄于名石馆）

图4-11　荔枝冻的粗萝卜丝纹

图4-12　寿山白芙蓉石瑞兽钮扁章

图4-13 寿山俏色芙蓉石瑞兽钮章两枚

图4-14 寿山桃花冻白芙蓉石瑞兽钮扁章
（麻乐勤先生惠让）

记载："寿山石，洁净如玉……五花石坑，相距数十里，红者、缃者、紫者、髹者，惟艾绿者难得。"明末谢在杭在评述寿山石时曾称艾叶绿为第一，故寿山石在明代以艾叶绿为最上，清代以后首推田黄。史载艾叶绿原产于距寿山数公里的"五花石坑"内，是该洞罕见的品种。但该洞早在清代即已绝产。近代每以月尾绿中色如老艾叶、质地通透纯净者充作艾叶绿，也称"艾叶冻""艾叶晶"（4-17）。

寿山石根据山脉的走势，可分作三大系，即高山系、旗山系、月洋系。

图4-15 寿山俏色白芙蓉博古钮方章（傅小龙先生惠让）

图4-16 红芙蓉原石（傅小龙收藏）

图4-17 寿山艾叶绿一品清廉钮方章

图4-18 寿山极品白芙蓉罗汉钮圆章

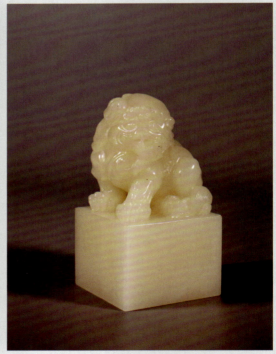

图4-19 寿山极品白芙蓉狮钮大方章

图4-20　顶级乌鸦皮薄意巧雕田黄小方章（左：正面 右：反面）

1. 高山系

高山系中顶尖品当数田石，即出于田中之石，黄色者为田黄。田石产于寿山乡里洋、外洋之间的寿山溪，在溪两旁的水田和砂土中蕴藏着田石。田石原本并不生于田土里，而是附近高山、坑头、杜陵等处的游离石块，由于地理变化移动到砂土水田之中，长年埋藏于地下，受田水、泥沙、地热等影响，使石质呈微透明状，且具温润、凝腻的特质。田石肌理常隐含细微有致的萝卜纹，外表常包裹一层黑色（也称乌鸦皮）、白色或黄色的石皮，并多有红筋格，这些都成为田石的重要特征（图4-20）。因产地不同，田石又分为上坂田、中坂田和下坂田。上坂田指寿山溪上游即坑头一带所产田石，石质甚佳，多为晶莹剔透的石质；中坂田指坑头以下至铁头岭地带所产之田石，质地亦属上乘，田石中之黄金田石、橘皮黄田石等均产于此。下坂田为寿山溪下游所产，色暗质滞，通透度均比上坂田、中坂田所产田石略逊。此外，还有鹿目田、溪管田、碓下田等，也是以产地分类的（图4-21）。如以色泽区分，则可分为黄田（即田黄）、红田、白田、灰田、黑田和花田等（图4-22）。水坑石也属于高山系，因深藏于终年积水之坑洞中，因而得名。寿山村东南面有一座山峰名

图4-21　寿山鹿目田薄意雕小摆件

为坑头山，是寿山溪的发源地，沿溪流有坑头洞和水晶洞两个主要产洞。由于水浸气润，故石质晶莹剔透，也称坑头晶。水坑石石质微坚，有黄、白、灰、蓝等色，品种主要有水晶冻、黄冻、天蓝冻、鱼脑冻、牛角冻、鳝草冻、环冻及掘性坑头石等（图4-23至图4-24）。山坑石也称高山石，在寿山诸峰中矿石储量最大，品种最丰富，开采历史也最悠久。由于高山石石质较佳，矿藏资源丰富，故成为高中档寿山石印章和石雕艺术品的主要原料。高山石中之杜陵坑，所产之石

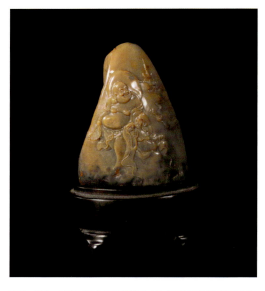

图4-22　寿山灰田薄意雕小品（黄皮灰肉薄意雕弥勒罗汉）

图4-23 寿山石高山坑头晶玻璃冻手把件
（名石馆惠让）

图4-24 寿山高山坑头晶结晶冻石小雕件《弥勒》

图4-25 寿山高山系杜陵坑素章

性坚质灵，堪称山坑石之粹。与其相邻之山岗产有迷醉寮、尼姑楼、蛇瓠等，石性相近，石农称之为"四姐妹石"，均属寿山高山石之名贵品种（图4-25）。杜陵坑临溪处有善伯洞，出产的冻石质地细润，微坚，金砂地闪闪发光，系山坑石中之佼佼者（图4-26）。除此之外，高山朱砂、连江黄、月尾石、虎岗石等也属此系；前面提到的荔枝冻石亦属高山系（图4-27至图4-34）。

图4-26 寿山高山系善伯印石章（摄于中国印学博物馆）

图4-27　寿山石高山朱砂俏色巧雕纽章（傅小龙先生惠让）

图4-28　寿山高山朱砂石狮纽对章

图4-29　寿山石小纽章两枚（高山系连江黄）

图4-30　寿山汶洋石雕观音像（林志峰作）

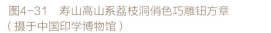

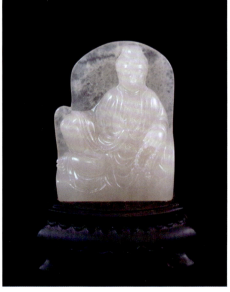

图4-31　寿山高山系荔枝洞俏色巧雕钮方章
（摄于中国印学博物馆）

图4-32　寿山月尾紫麒麟钮椭圆章

图4-33　寿山俏色芙蓉石钮章两枚
（左：鳌龙　右：太狮少狮）

图4-34　寿山高山系荔枝洞观音钮扁章

2. 旗山系

在寿山村高山的北面，西起旗山，沿东北向经柳岭、猴柴覃山、旗降山、黄巢山、柳坪、金狮峰，最后至远离高山的金山顶，这绵延六公里的群峰中所产矿石均归入旗山系。旗山系矿藏丰富，品种繁多，仅次于高山系，但颇为分散，石质与石性差距颇大，以坚、脆、硬以及不透明的粗劣品种为多，多数只能作为工业用料、雕刻普通雕件或规格化印章。当然也有佳石出产，如旗降石、汶洋石、老岭晶、大山通、豆叶青、柳坪晶等，备受藏家青睐。上品旗降石可以与高山系、月洋系所产各类名石相争辉。旗降石是旗山系最佳石种，石质坚实纯洁，色彩艳丽，富有光泽，且多为数色相间，色界分明，近年不少名家传世作品采用旗降石雕镂而成，艺术效果奇佳（图4-35）。汶洋石则出产于寿山村北面汶洋村的漏岭，属于柳岭矿脉。其质地细腻纯洁而稍坚，微透明，有红、黄、白、黑等色，色泽鲜艳，色界分明，肌理中有细小的结晶性条纹。汶洋石的块度较大，石形多比较平整，是制作石章的理想材料，美中不足的是小裂纹较多且石性较嫩，不耐高温，易干燥，一般需要用油养护（图4-36至图4-37）。

图4-35　寿山旗降石罗汉雕件（银包金）

图4-36　寿山芙蓉石小钮章一批

图4-37　寿山汶洋石扁方章两枚（左：彩汶洋素章 右：留皮薄意巧雕《秋声》）

3. 月洋系

　　寿山村东南面八公里的月洋山，以其为中心的周围山峰所产矿石均属月洋系。月洋系石种仅十种左右，由石英+叶蜡石、硬水铝石+叶蜡石和单纯叶蜡石这三种矿石类型组成，以其出产名贵石种芙蓉石而闻名于世。芙蓉石质地凝、结、腻，被誉为"印石三宝"[1]之一。将

图4-38　将军洞芙蓉石古兽钮方章
（姚仲炬作）

1　即青田封门青石、寿山芙蓉石、昌化鸡血石。

图4-39　寿山芙蓉石小钮章三枚

图4-39　寿山彩芙蓉
冻石钮章

　　军洞所产芙蓉石，更被收藏家视如拱璧。其他如半山石、绿箬
通、竹头窝等也属印石之佼佼者（图4-38至图4-39）。
　　寿山石除了大量用来生产千姿百态的印章外，还广泛用以
雕刻人物、动物、花鸟、山水风光、文具、器皿及其他多种艺术
品。由于寿山石"温润光泽，易于奏刀"的特性，很早就被用
作雕刻的材料。1965年，福州市考古工作者在市区北郊五凤山的
一座南朝墓中发现两只寿山石猪俑，这说明，至少在1400多年前

的南朝，寿山石便已被作为雕刻的材料。元明以来，寿山石雕刻艺术从萌芽到发展鼎盛，也成了上至帝王将相下至黎民百姓都喜爱的文化艺术珍品。二十世纪后半叶，是福州寿山石文化史上的黄金时期。特别是改革开放后，百业俱兴，此促进了寿山印石业的复兴和繁荣。一批专业院校出身的美术人才的加入，推动了石雕技艺的发展。寿山石文化也因开放政策的实行而空前繁荣。从二十世纪八十年代起，在世界的许多国家和地区出现了持续多年而不衰的"寿山石热"，郭懋介、王祖光、林飞、刘爱珠、林文举等擅长寿山石雕工艺的大师级人物脱颖而出。寿山石雕艺术主要有两个特点：其一，艺术家将现代美术的写实求真，重视意境、感情深邃等原则，运用于雕刻，表现手法多采"工笔"而少用"写意"，追求人物面部表情的刻画和物像的质感表现，以及人体比例的准确，甚至连人物的手脚、骨骼、血管、筋络都淋漓尽致地刻画出来，突出了主题，给人以强烈的心灵震撼。其二，现代美术中有追求朦胧感和抽象美的倾向，此亦影响寿山石雕艺术的创作思维。寿山石的形态、色相、质地都是天然的，石雕艺术创作中又十分强调"存天地之形""原宇宙之美"的"原汁原味"。这与现代美学的抽象美是一致的。

此外，寿山石的保养也是寿山石收藏的一个重要课题。虽然寿山石天生丽质，在自然状态下，石形、石色均不易变，但是，从阴暗的地底深处到暴露于阳光下并保持其天生丽质，依然要涉及养石和护石这个话题。寿山石属叶蜡石，质地滋润，富有光泽，硬度较低。一些品种在开采时，因爆炸震动，结构遭受破坏，多裂纹、裂格，如果不加以养护，日久天长就会枯燥受损。因此，自古以来就有以油养石之风。寿山石的养护虽然简单方便，易于操作，但也不是没有忌讳，因而不可随意处置。同时，不同的石种有其不同的特性，所以养护也要因石而异。寿山石最忌干燥、高温，养护的关键是要保持其润泽。不论原石还是雕刻品，都应该避免阳光曝晒和高温环境。新采的矿石不可长期放在山野或室外，要及时藏在地窖或阴湿之处，时常洒些冷水以保持其润泽。其次，开料水磨，以水锯、湿磨为上，如须在砂轮上打磨，则应预备清水一盆，待石料摩擦发热时，及时用冷水降温。经过雕刻加工的寿山石雕成品，适宜陈列室内，保持适宜的温度、湿度，避免强光照射。石表被灰尘、污物沾染时，须用细软的毛笔或绸布轻轻擦抹，再刷上少许白茶油即可恢复光彩。

二、青田石

青田石产于浙江省青田县，色彩丰富，花纹奇特，以叶蜡石为主，显蜡状，呈玻璃光泽，无透明、微透明至半透明，质地坚密细致，是中国篆刻用石最早之石种。青田石分布很广，以青田县山口镇为中心。青田石种类上百，尤以山口灯光冻、封门青、封门三彩、黄金耀等最名贵。青田石的品种名称如灯光冻、兰花青、封门青、黄金耀、竹叶青、金玉冻、白果青田、美人红、紫檀花、蓝花钉、封门三彩、水藻花、煨冰纹、皮蛋冻、酱油冻等，均与实物特征相类，易辨。还有产于青田周村的龙蛋石，系暗红杂石包裹体，内裹有圆或椭圆形上品青色冻石，极为珍稀。另外，值得一提的是浙江云和的小顺石，这是近几年新开发的叶蜡石矿，总体也归属青田石范畴。其色彩之丰富，透明度之高，受刀之柔润等特点直逼寿山石、青田石、昌化石，大受雕刻界青睐，身价直线上涨。小顺石内质、外观与寿山石、昌化石及小部分青田石相似，其颜色类于寿山石之鲜艳且透明度大多高于寿山，但质地通体纯净者十分罕见。

青田石种类繁多，质地温润细腻，色彩艳丽，软硬适中，宜于奏刀。青田石的种类可按性质、硬度分类，也可按石料透明程度或工业用途分类。在这里，笔者按石料的产地、色彩、石种、名称及如何识别石料的优劣做了简单的分类描述，以供参考。按产地

图4-40　青田封门青冻石龙钮章

图4-41　青田封门青云龙钮方章

图4-42　极品青田封门青冻石印章三枚（陈永华收藏）

图4-44　封门青灯光冻瑞兽钮方章（银泽石艺）

图4-45　顶级封门青灯光冻小钮方章（银泽石艺）

分青田石大致可分为十大类。

1.封门石：它产于青田县山口镇封门矿区，质地特细，光泽最亮，软、硬、脆适宜，色泽斑斓，花纹奇丽明朗，且不易风化，用于刻印章，刀痕笔意尽得，印字清晰；用来雕刻石雕作品，也是刀凿如意。打水砂磨光上蜡后，光洁亮丽。封门石石料在青田石中最为珍贵，其主要石种有：

（1）封门青冻石：它为淡青色，光照下呈半透明状，极为名贵，质地纯净细腻，不坚不燥，行刀脆爽，尽得刀笔韵味。石肌里或隐有微白及浅黄色线纹（图4-40至图4-43）。

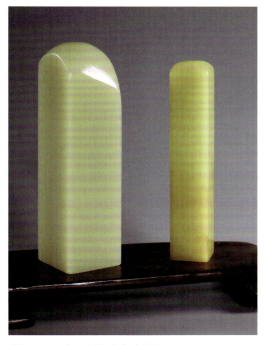

图4-43　青田封门青素章两枚

（2）灯光冻石：灯光冻石又名灯明石、灯光石，为封门青冻石中的极品。其质地温润莹洁，色泽白中微透青黄色，肌理纹路细腻，照之灿若灯辉；软硬相宜，摩氏硬度约为2，易雕刻而不崩裂。封门青的灯光冻石为青田石之极品，历来与寿山田黄、昌化鸡血并称为"中国印石三宝"，被书画家、篆刻家、雕刻艺术家奉若珍璧（图4-44至图4-46）。

（3）黄金耀冻石：黄金耀冻石又名南光黄冻石，黄色艳丽妩媚，质地纯净细洁，软脆适度，为青田石中之最佳黄冻石；黄青相间的冻石又称为金玉冻或黄金条（图4-47至图4-49）。

图4-47　青田金玉冻石螭虎钮方章（柯正大师工，陈永华收藏）

图4-46　封门青灯光冻小钮方章四枚（银泽石艺）

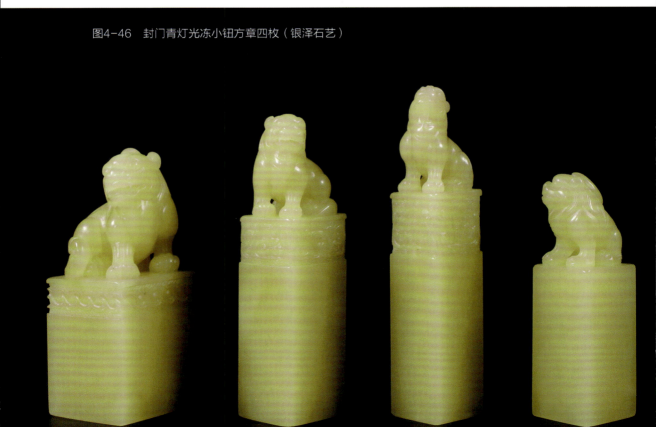

图4-48 青田金玉冻石印章两枚
左：浮雕双螭虎钮（陈伟大师工）
右：山水薄意雕

图4-49 青田金玉冻石浮雕摆件《松下论道》

（4）封门三彩石：封门三彩石又名封门三色石，以黑、棕色块间一层青色为特征；时有黑、青、棕、黄、蓝多色并存，集封门青、黄金耀、封门黑、酱油冻等名石诸特征于一体，可谓石中珍品，质地温润细腻，色彩明朗，极品者石中青、黄色部分灯照下透亮（图4-50）。

（5）蓝色冻石：蓝色冻石颜色多呈紫蓝色，表层散布着宝蓝色斑点或金色星点，颜色亮丽夺目。其中有宝蓝色或紫蓝色的斑块，因质地坚硬、难以奏刀而被称作"蓝花钉"；此石在青色冻地石料上散布着艳丽的蓝色星点，以色鲜、点大而多、质地纯者最佳，故称"蓝星"；有的青色冻地称"蓝星菜花青田"，日后会渐变成黄、棕色，若经十余年的摩挲就变成"酱油青田"；青白色石料上的蓝色带状、线状花纹称作"蓝带"，此种石料以蓝色鲜艳而底料细润者为上等石。在青白（或黄白）石上之紫蓝色斑块有的呈密集细点状团块，有的稍粗呈星点密布、色如紫罗蓝叶、质地细腻稍坚韧的称作"紫罗蓝"（图4-51至图4-52、图4-58）。

图4-50　青田石三彩冻方章（朱正然先生惠让）　　图4-51　封门青蓝星菜花黄龙钮方章（银泽石艺）

图4-52　青田封门青素章两枚（左带小蓝星）　　图4-53　青田蓝星冻石小素章两枚　　图4-54　青田蓝星冻石素章两枚

图4-55　青田蓝星石雕件《太白醉酒》
（林庆工作室作）

图4-56　青田蓝星石雕件《罗汉执缶》（林庆工作室作）

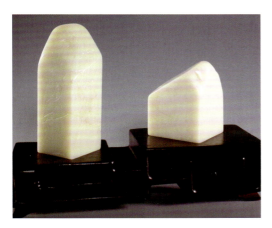

图4-57　青田白果冻石印章两枚

（6）白果冻石：白果冻石夹生在冻石料和普通石之间，白色微青，石色匀净，质地细腻，行刀脆爽。若其色如米粉做的黄色糕果状，而称作"黄果冻石"；色白者称作"白果冻石"，色彩均匀，结实少裂（图4-57）。

（7）酱油冻石：是指色有褐色和棕黄色，颜色如酱油汤而得名，有深浅多种，石质细腻光洁，肌理偶隐有丝纹，经长期摩挲，其色调渐变深而成酱油色（图4-59）。

图4-58　青田蓝星石自然形摆件　　　图4-59　青田酱油冻　　　图4-60　青田红花冻石罗汉
　　　　　　　　　　　　　　　　　　　　　石蛙钮印章　　　　　　　　童子钮方章（宝德轩）

　　（8）青田红花冻石：其也称青田朱砂红，朱红色，肌理有点点朱砂如漂浮于清水之中，聚散自然，色彩艳丽，间有黑、白色斑块，质地细润，色鲜块大纯净者罕见。还有橘红、石榴红等名贵石种也产于封门一带（图4-60）。

　　（9）封门黑：封门黑俗称封门牛角冻，又名黑青田，多呈灰黑色或深黑色，石质细腻温润，色彩匀净光洁，肌理常有少量格纹，大块者难得。封门青与封门黑交织相生的冻石尤为漂亮，犹如泼墨山水，俗称"青田墨花"，亦十分难得（图4-61）。

　　（10）菜花黄：青田封门山、九索都产菜花黄，菜花黄是因某些青田石所含铁质成分特别高，导致磨制成品印章或雕件表面氧化后逐渐变色发黄而形成。其中铁质含量越高，黄得越快，极品颜色黄得很艳丽，近乎绝品田黄（图4-62至图4-64）。

　　2.旦洪石：旦洪石产于青田方山溪南边的旦洪矿区。该矿区的石料质地纯正细腻，色彩繁多，绝大多数是白中略泛青；其次是嫩黄、纯黄、老黄和灰黄等各种黄色，红色者为少数，也有纯黑或黑中夹白或夹黄者称为"紫

图4-61　青田封门黑之墨花
冻素章（宝德轩）

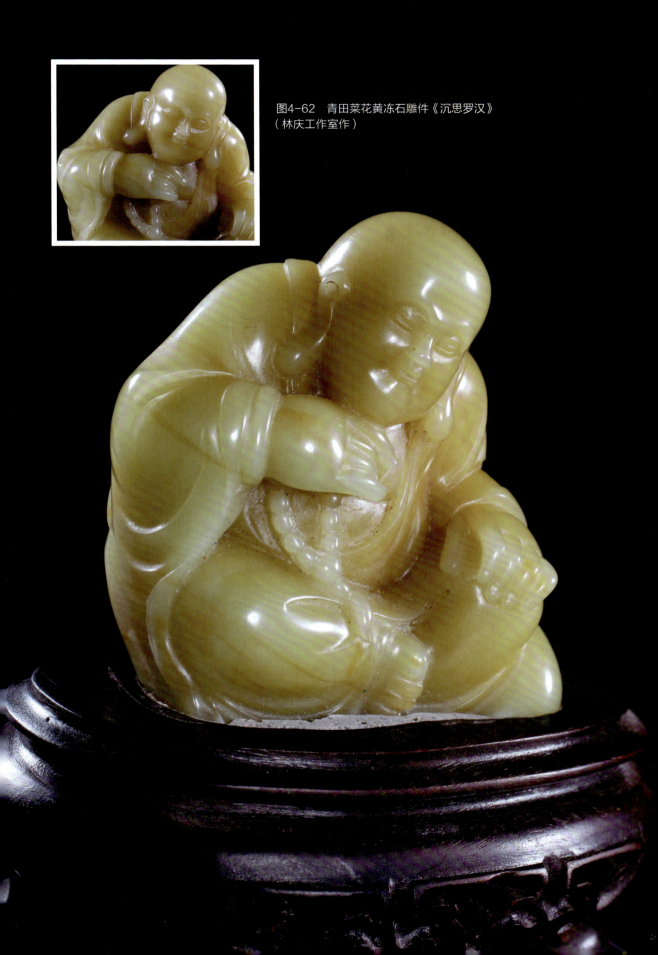

图4-62　青田菜花黄冻石雕件《沉思罗汉》
（林庆工作室作）

4-63

4-64

4-65

图4-63　青田菜花黄冻石钮章三枚

图4-64　青田菜花黄冻石薄意雕方章两枚（朱正然先生惠让）

图4-65　青田旦洪石之五彩冻素章

岩花"，少数有黑、棕或灰白相间呈水平状结构的"水纹路"。其中苦麻青、南垟黄、橘底红、石榴花红、紫坛红、五彩冻石、官洪冻、松花冻、兰花青、麦青、蜜蜡冻、夹板黄、黄金条、柏子白、红星、红花青田、满天星等石料均产于此矿区。此地还产有青、白、黄或红似玛瑙的"五彩冻"石种，极为珍稀（图4-65）。

3.尧士石：此石种产于青田方山溪北边，与封门山隔溪相望。尧士山所产石料质地稍粗而坚实，性"老"，多呈黄、棕、赭、黑等色，也有少数为白、青色，虽其油腻光泽感不及其他矿区的石料，但其白色料中常夹生黄或红色片层，有的片层色由厚到薄、由浓变淡、由密至疏且有多片，横切后犹如条条红（黄）线纹路，极为别致美观，故称作"千丝纹石"（图4-66）。

4.白垟石：白垟石产于方山乡白垟山，特别是杉树降和白垟山之南的茅乾湾。该石质较脆，性嫩，石中含水量高于其他产地的石种，但不如其他矿区石种坚实，石质易裂。白垟石以黄色、黄白色、青白色为主，尤以嫩黄为佳，也有较多的黑或黑中夹黄白的紫檀花。该地产的黄、白色冻石，质稍逊于封门冻石。产于该矿区的石种有头绳缕、冰花冻、青蛙子、麻袋冻、芥菜绿、苦麻青、白垟夹板冻、虎斑青田等（图4-67）。

图4-66　青田尧士石之千丝纹对章

图4-67　青田白垟石之紫檀花素章两枚

图4-68 青田龙蛋石雕《双龙祥福》（傅小龙藏石）

5.季山石：此石盛产于双垟乡季山村，因此地季姓占大多数而得名，主要分布于周村的龙顶尖、季山头、门前山等地。季山石有白、黄、红诸色，色泽艳丽，石质甚佳，非常名贵。主要石种有以下石种。

（1）龙蛋冻石：龙蛋冻石俗称岩卵，为独块蛋形石料，内为青色或黄色冻石，外壳为紫色硬岩，小如蛋，大似瓜。上品的龙蛋石质地细腻，温润而有光泽，极为珍稀（图4-68）。

（2）竹叶青：竹叶青又名竹叶冻、周青冻。青色泛绿，通透明净，石性坚韧，常裹生于粗硬紫岩中，肌理常隐有细小白点，纯净大块者难得（图4-69至图4-70）。

（3）周村黄：周村黄又名黄金条，黄色鲜艳，质地细润，光泽特好。多夹生或裹生于紫檀色石料中，大块者难得（图4-71）。

（4）红木冻：红木冻多呈红木色，较豆沙冻红亮，光泽尤好。质地细腻温润，石料常夹生青白色冻条、冻层，石料稀少名贵（图4-72）。还有季山夹板冻、龙眼冻、葡萄冻等石种也产于季山，非常名贵（图4-73至图4-74）。

6.山炮绿：山炮绿产于汤垟乡山炮村，多呈翠绿色，颜色艳丽，故得名"山炮绿"。质地细腻，性坚而脆，肌理隐有白色麻点，矿石料多含色斑纹和硬砂块，亦多细裂。鲜艳黄色条纹穿过翠绿色冻地的大块章料，已属难得上品，而纯净绿冻地的章料更是十分罕见（图4-75至图4-76）。

图4-69　青田竹叶青雕钮方章

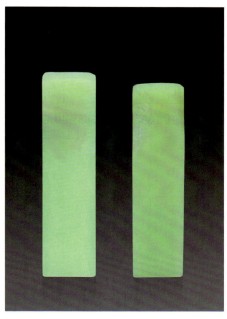

图4-70　青田竹叶青素章两方

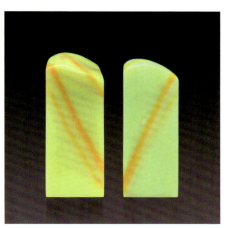

图4-71　青田周村黄金条素章两方

图4-72　青田红木冻雕钮方章两枚

图4-73　青田葡萄冻石印章两枚　　　　　　　图4-74　青田石葡萄冻素章两枚（傅小龙先生惠
　　　　　　　　　　　　　　　　　　　　　　让）

　　此外，还有一些知名的青田石，诸如老鼠坪石、塘古石、岭头石、武池石等。北山晶和岩门晶也属青田石名品，但其矿料多夹杂在普通岩石中，只能取出薄片，难出大料（图4-77至图4-80）。

　　根据石料产地、色彩不同青田石可划分为百余个石种，在如此品类繁多，石色复杂的情况下，应如何去甄别其质地的优劣呢？主要从以下几方面入手：

　　第一，识别石质。主要是辨别石料质地的粗细软硬程度。首先是眼睛看，质地细密的青田石，看上去细洁纯净，隐有油脂光泽感。看上去若是粗燥干涩的必是硬料，或含细砂较多的劣等石。其次是手摸感，感觉粗糙不细腻润滑的多数为硬料石。最后是用刀凿削来断定石料软硬，若刀凿顺手如意者必是软石，否则是硬石。

　　第二，仔细观色。用水浸透石料，凡是小块石料，在外表就可以看出色彩好差。石料大块者，内部颜色可能有变化，那就要看颜色的形状和走向。颜色若是块状的，里面也不会很深；若是"葡萄冻、蚕豆冻"，其色斑星罗棋布，窥一斑就可见全豹，

图4-75　青田山炮绿原石

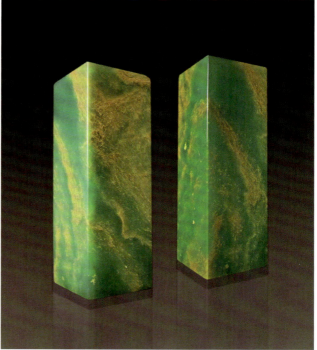

图4-76　青田山炮绿素章两方

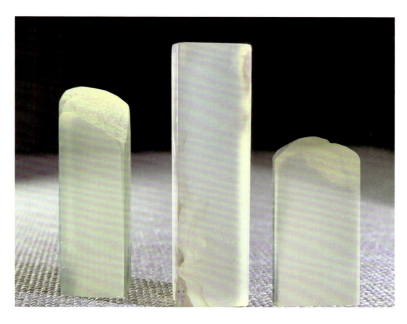

图4-77　青田北山晶小扁章

图4-79　青田北山晶小石料

图4-78　青田北山晶原石摆件

图4-80　丽水岩门晶观音小雕件

里面也无多大区别；若色彩呈板状或长绺状，外面只露出很窄的色纹，却很可能会透进石料内部很深，这就要多加留意石料四周的颜色纹路的长势情况，仔细琢磨了。

第三，检验裂纹。一般情况下，石头有些细小裂纹是无妨的，若有大裂或对裂就不行。检验石头裂纹一般是用眼看，由于成品青田石都经过打蜡工序，所以裂纹通常要在强光源下才能分辨清楚。

当代著名篆刻家韩天衡在一篇序文中写道："上品的青田石本身即是艺术品。无论质地冻或非冻，石性皆清纯无滓，坚刚清润，柔润脱砂，最适于受刀和抒发刻家灵性，是古来一流印人最中意、最信赖的首选印材。"据《青田县志》记载，元时"赵子昂始取吾乡灯光石作印"，从明代中叶开始以青田石制印大为流行。篆刻大家文彭以青田石作为印材替代金属、牙骨，名著一时。青田石作为主要印材对我国篆刻艺术做出了重要贡献（图4-81至图4-91）。

图4-81　青田石素章：雨伞撑（左）与山炮绿（右）

图4-82　青田皮蛋青冻石素章两枚

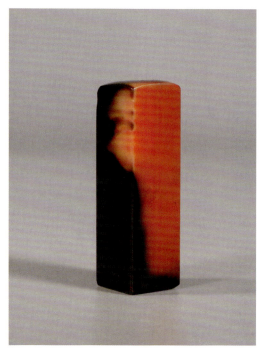

图4-83　青田红黑双彩冻石小章

图4-84　青田石钮章：《太平有象》（左）与《黄龙吐翠》（右）

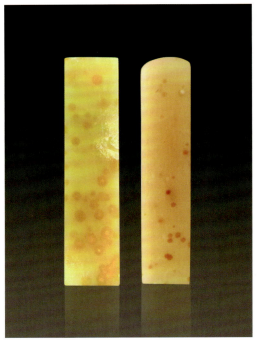

图4-85 青田红星冻石素章

图4-86 青田紫檀冻对章

图4-87 精品青田石印章一组：极品山炮绿素章（左）、极品封门青素章（中）、极品葡萄冻素章（右）

图4-88　精品青田石印章一组：极品黄金耀龙凤钮方章（左）、极品灯光冻素章（中）、极品蓝星素章（右）

图4-89　精品青田石印章一组：极品黄金耀罗汉童子钮方章（左）、金玉冻素章（中）、葡萄冻平头素章（右）

图4-90　精品青田石印章一组（从左至右依次：封门青龙钮方章、菜花黄红星素章、封门青彩纹素章、极品封门青素章）

图4-91　精品青田石印章一组封门青龙钮方章(左一、左五)、极品蓝带(左三)、封门青水草花素章(左二、左四)

三、昌化石

昌化石产自浙江省杭州市临安区昌化镇。昌化石具油脂光泽，颜色呈微透明至半透明，极少数结晶冻石很透明。昌化石品种很多，大部分色泽沉着，性韧涩，明显带有团片状细白粉点。按颜色分有白冻（半透明质地夹生白色团絮者，或称鱼脑冻）、田黄冻、桃花冻、牛角冻、朱砂冻、藕粉冻等，均为优质品种。色纯无杂者质地纤密，韧而涩刀，稍含砂丁及杂质，较珍贵。如果在上述昌化冻石中有血色者则为上品鸡血石。所谓鸡血，实是朱砂（辰砂），即一种特殊的汞矿石，呈鲜红色。鸡血石的优劣，一看地，二看"血"。质地越通透，纯净度越高；"血"色越浓艳，"血"量越多越好，接近六面满血的章料俗称"大红袍"（图4-92至图4-93）。昌化鸡血石以软冻石料为最佳，如桃红地鸡血石遍体艳若桃花，鲜艳夺目；白玉地鸡血石，质地月白如素，无杂色，血色淋漓尽致；豆青地鸡血石地子似碗豆青色，微透明，血色鲜艳；牛角地鸡血红，质地乌黑纯正，血艳，呈流纹，动感很强（图4-105）；藕粉地鸡血石质地若冲泡而成的西湖藕粉，呈粉白色，鸡血醒目（图4-94至图4-100）。还有刘、关、张软地鸡血石红、白、黑三色相间，极富特色（图4-106至图4-108）。刚玉地、硬地次之，一般刀具很难刻动，雕制需用特种钢制刀具，但也有血色浓艳可人者，亦可作印章雕件，仍颇具观赏收藏价值（图4-104、图4-109至图4-115）。

图4-92 昌化大红袍鸡血石（原姜四海先生收藏）

图4-93 昌化鸡血石章两枚（椭圆章和方章）

图4-94　昌化鸡血石印章两枚：牛角地鸡血石（左，傅小龙先生惠让）与小红袍鸡血石（右）

图4-95 昌化鸡血石冻地印章两枚：田黄鸡血石（左）与朱砂冻鸡血石（右，傅小龙先生惠让）

图4-96 昌化鸡血石方章一组三枚

图4-97 昌化鸡血石章一组三枚

图4-98　昌化鸡血石冻地小印章两枚

图4-99　昌化鸡血石对章

图4-100　昌化各类软地鸡血石小印章一组

图4-101 昌化朱砂冻石一组

图4-102 昌化鸡血石方章一对（软玉地）

图4-103 昌化鸡血石冻地小印章两枚（左：胡春阳制纽）

图4-104 昌化刚玉地鸡血石章两枚

图4-105　昌化鸡血石雕件《王母出游》（傅小龙收藏）

金奖证书

鸡血石雕件《王母出游》局部

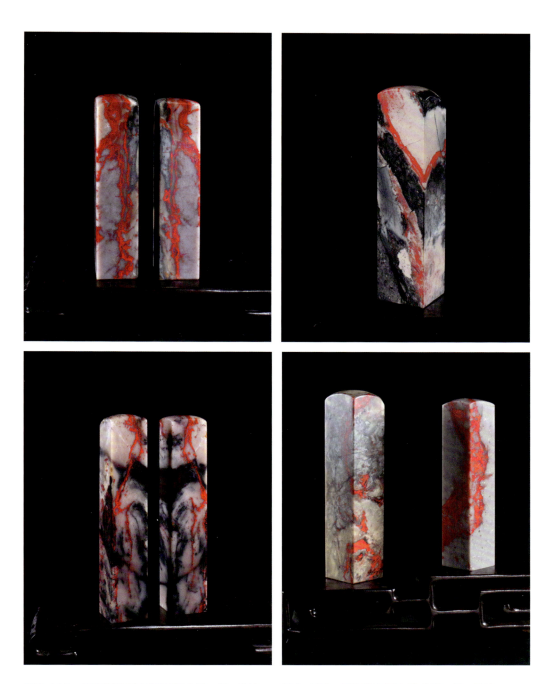

图4-106　昌化硬地鸡血石对章（刘、关、张）　　图4-107　昌化鸡血石方章（刘、关、张）

图4-108　昌化软地鸡血石对章（刘、关、张）　　图4-109　昌化硬地鸡血石章两枚

图4-110　昌化刚玉地鸡血石雕件《福在眼前》
（林庆工作室雕制）

图4-111　硬地昌化鸡血石矿料

图4-112　昌化硬鸡血石扁章

图4-113　昌化牛角地鸡血石佛手雕件
（陈玮大师工 傅小龙先生惠让）

图4-114　昌化鸡血石小印章一组

图4-115　昌化鸡血石方章
《飞流直下三千尺之条血》

昌化石的品种繁多，细分起来有上百种，还不断有新品种发现。它与巴林石均按石质色相而定种属，颜色、透明度、光泽度、硬度是区分品类的四要素。昌化石与青田石、寿山石的分类也有许多相似之处。在早期阶段，采石者只是笼统地将昌化石区分为乌玉石、白玉石、黄玉石、花玉石、红玉石（即鸡血石）几大类。随着昌化石生产、流通的发展和扩大，昌化石品种的名称逐渐个性化、科学化。根据产地的不同及石雕艺人、地质工作者的

图4-116 昌化红花冻钮章两枚

图4-117 昌化朱砂石印章三枚

图4-118 昌化朱砂田黄冻雕件
《祥云双螭》（孙银泽先生惠让）

惯常称谓，昌化石大致可分为鸡血石、
冻彩石、软彩石三大类和从属的70多个
品种。冻彩石是昌化石中质地最佳者，
它的视觉特点是清亮、晶莹、细润，颜
色呈透明至微透明状，具有强蜡质光
泽。冻彩石的主要成分是地开石、高岭
石，大多有绵性。冻彩石，一般摩氏硬
度在2至3级，雕刻时易奏刀。根据颜色
冻彩石分为单色冻石和多色冻石两类，
以单色冻纯净通透者为佳。冻彩石往往

图4-119 昌化黄冻牛角冻双色冻石圆雕螭虎兽
形手把件（陈玮大师作品）

图4-120 昌化牛角冻石雕件
《罗汉理经》（林庆工作室作）

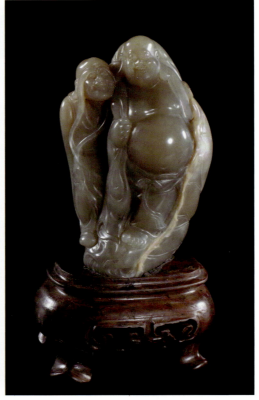

图4-121 昌化牛角冻石雕件
《长眉罗汉与弥勒罗汉》（林庆工作室作）

散布于其他围岩中，有的呈卵状小团块，与其他矿石界限清晰，大块的冻彩石比较少见。昌化冻彩石品种较多，其中主要有牛角冻、羊脂冻、田黄冻、玻璃冻、肉糕冻、朱砂冻、桃红冻、五彩冻、玛瑙冻、银灰冻、鱼子冻、红霞冻、芙蓉冻、艾叶冻、翡翠冻、蓝星冻、豆青冻、酱色冻、昌绿冻，等等（图4-116至图4-191）。

图4-122　昌化红黄白三色彩冻石钮章两枚（同一石料切制）

图4-123　昌化朱砂冻石钮章两枚

图4-124　昌化红花田黄冻雕件《烈火盘螭收妖缶》（陈玮大师作品，傅小龙先生惠让）

图4-125　昌化黑牛角冻石雕件
《钟馗执扇》(林庆工作室作)

图4-126　昌化夹板环冻石雕件《如来佛祖》

图4-127　昌化俏色牛角冻石巧雕摆件
《福乐罗汉》(林庆大师工，名石馆)

图4-128 昌化牛角冻印章两枚
图4-129 昌化牛角冻石素章三枚
图4-130 昌化石钮章：昌化紫田（左）与昌化俏
色黄冻石（右，胡春阳制钮）
图4-131 昌化石钮章两枚：田黄冻（左）与双色
牛角冻（右）
图4-132 昌化石小钮章两枚：红花冻（左）与田
黄冻（右）

图4-133　昌化朱砂石
素章（傅小龙先生惠让）
图4-134　昌化田黄冻
石素章两枚
图4-135　昌化田黄冻
素章（满萝卜丝纹）

图4-136　昌化红花田黄冻石钮章两枚

图4-137　昌化田黄石印章两枚（左：红田素章　右：朝天吼瑞兽钮章）

图4-138　昌化石素章两枚（左：田黄冻　右：牛角冻）

图4-139　昌化红花牛角冻俏色巧雕手把件《钟馗执扇降蝠》（张官欣作）

图4-140　昌化紫冻石雕件（罗汉施法 林庆工作室作）

除了昌化鸡血石久负盛名以外，近几年来能与寿山田黄媲美的昌化田黄石，也成了印石收藏界的一类名贵石种。但许多国石鉴赏专家尤其是福建的专家们认为，昌化产的这种黄石头，尽管矿物成分和田黄相同，但因其生成的环境不同，外部特征各异，昌化田黄石大多尚不具备顶级寿山田黄那种"细、结、温、润、凝、腻"之宝

图4-141　昌化田黄石原石
（沈斌收藏，傅小龙先生惠让）

石特质和美妙耐看的细萝卜丝纹，如果将其定名为田黄石，则是不科学的：它们根本就无"田"可依，只是在山坡的土壤下栖身，仅靠雨水"解渴"，完全没有田黄石那样有数千万年"田土"的滋养、溪水的滋润和有机酸的渗入。对此，昌化当地人并不认同，既然有巴林鸡血石，那么从山地里挖出的昌化黄冻石也是一块块独石，也具备寿山田黄石的大多特性，且都是地开石和高岭石的混合体，大多带石皮，偶见红筋格，在光的照射下通体晶莹，隐含宝光，几乎看不出与寿山田黄石的区别，只是产地不同而已，为何不能命名为"昌化田黄石"？"仁者见仁，智者见智"，笔者认为当然可以肯定上品昌化田黄石目前也是不可多得的稀有石品，它的艺术观赏价值与收藏价值都是不容忽视的（图4-141至图4-194）。尤其昌化田黄鸡血石，集石帝石后之美，其质地上乘且血色浓艳者不可多得，是极具升值潜力的收藏佳品（图4-195）。

图4-142　昌化田黄独石公斤料
（傅小龙先生收藏）

图4-143　昌化田黄独石（傅小龙先生收藏）

图4-144　昌化田黄石（左：鸡油黄　右：白田　傅小龙先生惠让）
图4-145　昌化精品田黄冻原石（杨广发先生收藏）
图4-146　昌化精品熟栗黄田黄原石（杨广发先生收藏）
图4-147　昌化乌鸦皮田黄原石（杨广发先生收藏）
图4-148　昌化田黄冻山子雕小品（杨广发先生收藏）
图4-149　昌化精品田黄薄意雕小摆件《牧归图》（杨广发先生收藏）

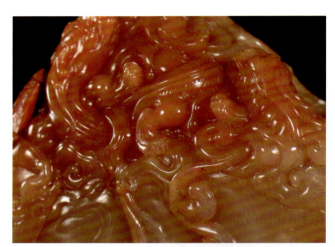

图4-150　昌化红花田黄石雕摆件
《螭虎呈祥》（陈永华先生收藏）

图4-151　昌化极品满丝纹橘黄田黄石精雕双螭钮小镇纸（杨广发先生收藏）

图4-152　昌化田黄冻俏色镂空雕小摆件
《花开富贵》（杨广发先生收藏）

图4-153　昌化乌鸦皮田黄薄意
巧雕自然形扁章（名石馆）

图4-154　昌化精品田黄薄意雕山水小摆件（杨广发先生收藏）

图4-155　昌化精品白皮田黄巧雕博古纹手把件（杨广发先生收藏）

图4-156　昌化精品田黄冻俏色巧雕松鼠笔洗（杨广发先生收藏）

图4-157　昌化乌鸦皮田黄石薄意雕摆件《儒、道、释》（陈永华先生收藏）

图4-158　昌化灰田雕件《观音童子》（林庆大师工，名石馆）

图4-159　昌化田黄石薄意雕小摆件《花开富贵》

4-160

4-162

4-164

4-161

4-163

图4-160　昌化田黄石薄意雕摆件
　　　　《轻舟垂柳》（陈永华收藏）
图4-161　昌化田黄石薄意雕摆件
　　　　《松下三贤》（陈永华收藏）
图4-162　昌化田黄石薄意雕摆件
　　　　《山间亭台会友人》（陈永华收藏）
图4-163　昌化田黄石浮雕山水人物摆件
　　　　《踏雪寻梅》（陈永华收藏）
图4-164　昌化田黄石浮雕山水人物摆件
　　　　《仙山老者》（陈永华收藏）

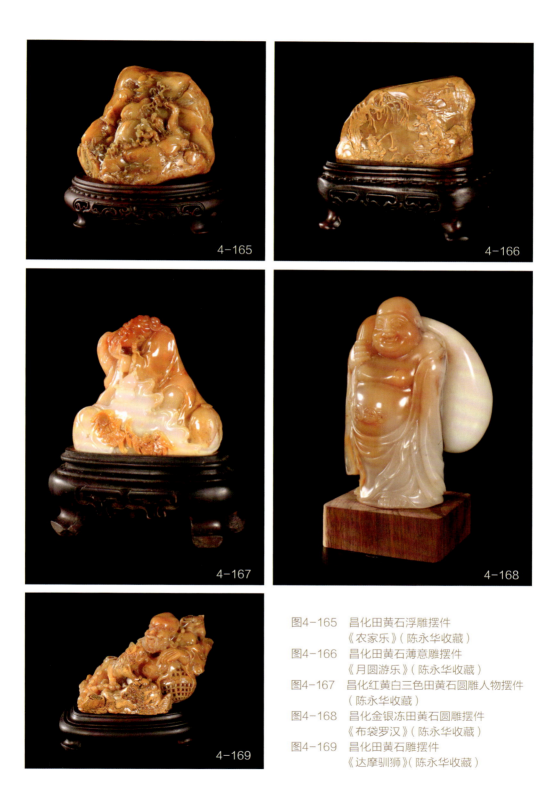

4-165

4-166

4-167

4-168

4-169

图4-165　昌化田黄石浮雕摆件
　　　　　《农家乐》（陈永华收藏）
图4-166　昌化田黄石薄意雕摆件
　　　　　《月圆游乐》（陈永华收藏）
图4-167　昌化红黄白三色田黄石圆雕人物摆件
　　　　　（陈永华收藏）
图4-168　昌化金银冻田黄石圆雕摆件
　　　　　《布袋罗汉》（陈永华收藏）
图4-169　昌化田黄石雕摆件
　　　　　《达摩驯狮》（陈永华收藏）

局部

图4-170　昌化田黄石薄意雕摆件
《松下对弈》（陈永华收藏）

图4-171　昌化田黄石薄意雕摆件
《仙山二贤》（陈永华收藏）

图4-172　昌化田黄石红田浅浮雕摆件
《招财进宝》（陈玮大师工）

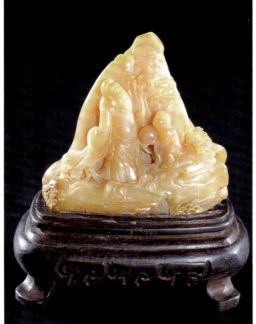

图4-173　昌化田黄石雕件
《童子问学》（林庆工作室作）

图4-174　昌化田黄石小雕件
《罗汉群童》（林庆工作室作）

图4-175　昌化田黄石薄意雕件《螭虎呈祥》(陈玮大师工，傅小龙先生惠让)
图4-176　昌化田黄石雕件《喜丰收》(林庆工作室作)
图4-177　昌化田黄石雕件《和合二仙》(林庆工作室作)
图4-178　昌化田黄石小雕件《麒麟罗汉》(林庆工作室作)
图4-179　昌化田黄石薄意雕件《火龙呈祥》(陈玮大师工，傅小龙先生惠让)

图4-180 昌化田黄巧雕自然形扁章《达摩诵经》（林庆大师工，名石馆）

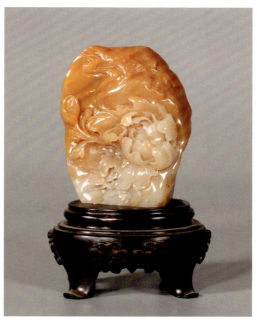

图4-181 昌化金银冻田黄石巧雕小摆件《白牡丹》（名石馆）

图4-182 昌化俏色田黄冻石巧雕摆件《佛祖罗汉》（林庆大师工，名石馆）

图4-183 昌化田黄石雕件《鳌龙游海》（林庆大师工，名石馆）

图4-184　昌化田黄石螭虎浮雕随形章
（陈玮大师作品）

图4-185　昌化红田石雕小品《弥勒童子》（林庆
工作室作）

图4-186　昌化田黄石薄意雕扁章
（陈玮大师工，傅小龙惠让）

图4-187 昌化田黄石方章两枚
（傅小龙先生惠让）

图4-188 昌化白田薄意雕摆件《松下二老》（陈
永华收藏）

图4-189 昌化红花白田圆雕摆件《弥勒》
（陈永华收藏）

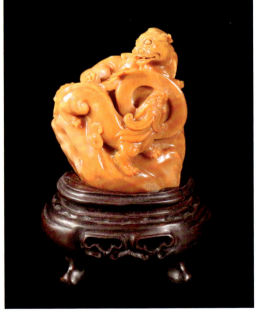

图4-190 昌化田黄石雕摆件《螭虎穿环》

图4-191　昌化田黄石龙龟雕件两枚（林庆工作室制）

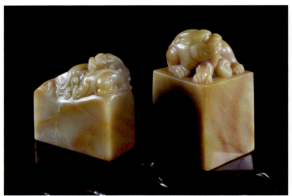

图4-192　昌化田黄石钮章两枚（胡春阳制钮）

图4-194　昌化田黄石钮章两枚（胡春阳制钮）

图4-193　昌化金银冻田黄素章两枚

图4-195　昌化田黄鸡血石（吉石语玉石行惠让）

图4-196　昌化田黄石罗汉雕件小品（林庆大师工）

图4-197　昌化田黄鸡血石巧雕小摆件《火焰山》（林庆大师工）

图4-198　昌化田黄石小摆件《天马行空》

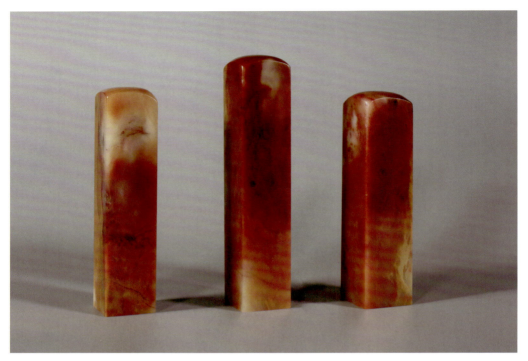

图4-199　昌化红花田黄素章三枚

图4-200　昌化双色玻璃冻瑞兽钮方章两枚

图4-201　昌化田黄薄意雕山水小摆件

四、巴林石

巴林石属铝硅酸盐类，是高岭石、叶蜡石、地开石为主的多种矿物质组成的黏土岩，因矿床坐落于内蒙古巴林右旗草原而得名。巴林石的分类没有寿山石那样复杂，按照质地分类，巴林石大体可分为鸡血石、福黄石、冻石、彩石，其他一些叫法则多从寿山石石种称谓参照而来。巴林鸡血石是巴林石中的极品，质地温润坚实，石中鸡血艳如彩霞，光彩耀人，堪比昌化鸡血石，所以也有"南血北地"的说法（图

图4-202　巴林鸡血石王原石

图4-203　巴林鸡血石素章一组

图4-204　巴林鸡血石冻地素章两枚

图4-205　巴林福黄冻瑞兽纽方章
（摄于名石馆）

图4-206　巴林福黄冻石椭圆纽章两枚

4-202至图4-204）。巴林福黄石质地柔和莹润，坚而不脆，色泽纯黄无暇，集细、洁、润、腻、温、凝六味于一身（图4-205至图4-206）。巴林彩石品种丰富，各类羊脂冻、牛角冻一应俱全（图4-207至图4-210）。尤其是一些巴林独有的多彩石品种，图案以天然纹理见长，色彩艳丽多姿，惟妙惟肖。巴林彩石上绚丽的色彩、流畅的线条，如栩栩如生的水草、密集饱满的鱼籽等天然画面，表现了大自然的奇妙。巴林冻石，石质细润，晶莹透亮，质地细洁，颜色妩媚，似婴儿之肌肤，娇嫩无比，其中彩霞冻石（也称女儿红、瓜瓤红）更为珍贵，洁白透明，肌体中所渗之云霞状红色纹理变化无穷，十分可人（图4-211至图4-216）。

巴林石石质细腻，硬度却比寿山石、青田石、昌化石稍软，宜治印或雕刻精细工艺品，为上乘石料，稍显不足的是其色素成分不够稳定，比如巴林鸡血石较易氧化、褪色，尤其是在紫外线的照射下。巴林石石质的稳定性亦稍逊，通常需要"油养"，否则易干裂风化。所以巴林石与新坑出产的寿山石一样，也要注意保养。

　　巴林石亦是国石收品中之珍品，多次在国内参展，誉满全国；随着贸易的发达，巴林石之美名从欧美到东瀛，几乎传遍世界，名扬四海。巴林石在国际市场上崭露

图4-207　巴林女儿红冻石印章两枚

图4-208　巴林羊脂冻双螭钮方章

图4-209　巴林白冻石素章两枚

图4-210　巴林彩冻石对章

图4-211　巴林冻石《雪松图》

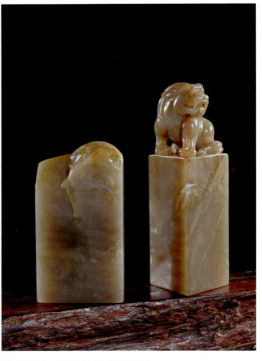

图4-212　昌化牛角冻石扁章
（左）和巴林牛角冻钮章（右）

图4-213　巴林鱼籽冻螭虎穿环钮扁章

头角以来，一直受到世人瞩目。巴林石文化内涵丰富，它不仅蕴含着赤峰地区远古文明的红山文化、草原青铜文化、契丹辽文化和蒙元文化的深厚底蕴，而且以其独具特色的赏石文化，在中华文化的发展史上写下浓重的一笔。

巴林石石艺是巴林石的自然属性与人们的审美创造相结合的艺术。它把天工造物之奇与人工雕饰之妙紧密地结合在一起，形成了自己独特的艺术风格，表现出与众不同的艺术价值。巴林石雕刻艺术历史悠久，早在新石器时代就发现有雕刻作品，如前面提到的红山文化的鸟形玉玦、勾云形饰牌、纺瓜，等等。之后，随着历史的发展和社会的进步，巴林石的雕刻艺术又经历了两个高峰期。一个是到了辽代，由于辽国的统治政权在政治上"因俗而治"，在文化艺术上扬长避短，随着上京、中京等五京的建立，辽廷进行了一系列宏伟的文化设施建设。大量寺庙、佛塔、陵墓的修筑，石窟的开凿，使辽代的文化发展呈现出生机勃勃的局面，创造了具有独特民族风格的文化艺术，巴林石雕刻由此也达到了一个高峰期。其作品以"端庄淳朴、丰厚挺健"的风格，反映了当时的社会现实和文化风貌。辽代文化在继承中原文化传统的同时，又富有北方民族所追求的理想气质，具备明显的时代特性和民族风俗。反映到佛雕上，雕刻家们通过对佛教经文的理解，准确地把握了佛的形象特点，从造型到神态，从面容到衣饰，都经过精雕细刻，突出个性，在继承唐代基础上有进一步的创造。反映到装饰小件上，辽代作品多以再现静态的动物见长，并在雕刻手法上有独特之处。巴林石雕刻史上出现的又一个高峰期是在二十世纪八十年代。那时巴林石的开采已步入正轨，品种增多，此为雕刻家们挑选石材提供了更为广阔的天地。北方地区强悍粗犷、浑厚朴素的民风为雕刻家们之作品注入了特殊的风韵。随着寿山、青田石资源的日渐枯竭，巴林石雕大有取而代之、独领风骚之势。巴林石雕刻艺术方兴未艾，可以预料，随着文化艺术的发展，其还会出现更丰硕的成果。

图4-214 巴林结晶红花冻石巧雕《寿星》

图4-215 巴林福黄冻地鸡血石钮章

图4-216　巴林红花福黄冻石雕件《弥勒童子》(林庆工作室作)

5 篆刻艺术与印石文化

2009 年，中国篆刻入选联合国教科文组织"人类非物质文化遗产"项目，中国篆刻与书法、绘画、诗歌并称中国四大传统艺术。中国印章的出现可追溯至夏朝，最初只是用作防"伪"的标记。随着社会文化发展，印章逐渐成为主人身份和地位的象征，代表正统和权威。现代的印章集款识性、审美性和纪念性于一体，是中国传统文化的代表性艺术形式。在中国传统石文化中，印石有着极为重要的地位。据记载，在元代以前，人们多以金、银、铜、铁及玉石为制印材料。这些材料质地较硬，只能由专门工匠刻制，制约了印章艺术的发展。文人真正自己动手刻印，相传始于王冕，王冕以花乳石刻印，把写篆到奏刀两个过程统一起来。石料这一印材的使用使治印艺术很快在文人当中普及开来，为以后各个流派篆刻艺术高潮的到来奠定了基础。后来随着福建寿山石、浙江青田石、浙江昌化石和内蒙古巴林石的开发利用，更因这些石料质地细腻，色彩艳丽，极易雕刻，使古人从金属治印的桎梏中解放出来，文人能够拿起一把刻刀，在小小的方寸之地畅快淋漓地表达自己的思想，从而为历代文人涉足印章艺术打开了方便之门。这四种优质印石料也就成为中国印石界所谓的"四大名石"。

印章艺术兴起于先秦，盛于汉代，所谓印宗秦汉。印章艺术最早的载体并不是如今我们所熟知的石材，而主要是以铜为代表的金属（图5-1）。人们普遍用石材来刻印，已经是明代中期的事情了。明清以来，

图5-1　秦汉印　　（秦印：左马厩将）　　（汉印：武陵尉印）

由于石材本身的美丽、易于
刻制及可表达多种线形等种
种优势，使篆刻艺术逐渐进
入了文人视野，文人雅士们
凭借着自己的文字功底、书
法造诣和艺术敏感，使篆刻
艺术达到了历史高峰。文人
们通过所熟悉的诗、文、书、
画，对篆刻艺术产生了重大
影响。传说至明代中期，文
彭、何震开始以"灯光冻石"
（青田石一类）治印，风靡印
坛。印材的改革对篆刻艺术
的发展具有重要意义。文彭、

图5-2　文彭、何震篆刻印章各一方（青田石章）

何震努力发扬篆刻艺术而被尊为篆刻之祖，其作品在明代被奉为典范（图5-2）。

何震的篆刻风格名重一时，后人推之为皖派（也称"黄山派""徽派"）的开创
者，与文彭合称"文何"。继何震之后，首先有苏宣、程朴、朱简等专学秦汉印章风
格，苍古朴茂。到明末，汪关父子一变何震之法，专攻汉铸印，以工整流利为其特
点。至清初，安徽人程邃、巴尉祖、胡唐、汪肇龙努力改变当时的习气，在篆法布
局上取得了进一步创新，人称"歙中四子"。这一时期的诸家由于他们几乎都是安徽
籍，故历史上一般总称为"皖派"（或徽派）。开宗立派的邓石如是清代最杰出的篆
刻家之一，其早年曾刻苦研究秦汉金石碑版，篆、隶、真、草被认为清代第一。他
把深厚的篆书功力用于篆刻，突破了以秦汉玺印为唯一取法对象的印学理念，增强
了篆刻的表现力，其作品苍劲庄严、流利清新，并极大影响了稍后的吴熙载、赵之
谦、黄牧甫和吴昌硕，从而为万紫千红的晚清印坛奠定了基础（图5-3）。特别是清
末成立于杭州西子湖畔的西泠印社，以吴昌硕为代表的篆刻大师们把中国的篆刻艺
术从文人书画的附属地位中彻底独立出来，并形成了独具风格的浙派篆刻传统（图
5-4至图5-7）。近现代以来，另一篆刻奇才当数齐白石，"治印时左手握石，右手持
刀，手和印保持亲密无间的接触，在石章上运刀，或冲或切，崩裂声中，石花应刀
而出，让中国文人尝到了亲手制作玩物的愉悦。"沙孟海在其《印学史》中讲到齐白

图5-3　邓石如篆刻作品《江流有声，断岸千尺》

图5-5　吴昌硕篆刻作品
《且饮墨汁一升》3.5×3.5cm　日本藏

图5-6　吴昌硕篆刻作品
《园丁墨戏》2.4×2.4cm　浙江省博物馆

图5-7　吴昌硕篆刻田黄小章
（中国印学博物馆藏）

图5-4　吴昌硕篆刻作品
《公鼎》3.4×3.4cm　日本藏

石时说："治印常用单刀切石，大刀阔斧，比吴俊卿更猛利，更彪悍。"齐白石自己也说："世间事贵痛快，何况篆刻。"从这些评语可看出，质地优良、软硬适度的印章石给了篆刻家们很好的创作体验，以至于他们能用"大刀阔斧""猛利""彪悍""痛快"等词来形容（图5-8）。由于石材的运用，篆刻艺术从起稿到刻制整个过程可由一人把握，只有文人们亲自参与刻制过程，印章最后所呈现的效果，才最符合他们起稿时的心意。除了底面的印文外，文人还可在石章侧面刻上自己喜爱的诗句或刻印时的感受等文字，也可仿照古代造像等石刻格式刻制边款（图5-9至图5-10）。除了官印、私印等印信用章外，篆刻制印更多往书画印、闲章、肖形印等方向发展，诗词名句、经典名文、人生感悟、佛道经典、生肖等皆成为篆刻入印的题材，篆刻成为一种可将

图5-9 清代唐醉石刻印章边款（摄于2020年西泠印社春季拍卖会）

图5-10 篆刻边款（陈宝福作）

书法、文学、绘画、雕刻等融为一体的综合性艺术，并蓬勃发展至今（图5-11至图5-17）。

当今，篆刻艺术成为中华传统文化艺术中的重要门类。2008年北京奥运会以一枚写意风格的肖形印作为会徽，更是极大地鼓舞了中国传统篆刻艺术的传承与发展，并促进了中华印石文化的国际传播。杭州作为中国美术学院和西泠印社所在地，历年来篆刻人才辈出，作品纷

图5-8 齐白石篆刻印蜕

图5-11　肖形印《皈依》
（陈宝福篆刻）

图5-12　肖形印《皈依》
（陈宝福篆刻）

呈。本书的主编之一、浙江大学研究生素养类硕博通选课程"国石鉴赏与文化传播"客座教授、杭州篆刻名家陈宝福先生对篆刻艺术有着自己独到的认识。他在《金石蝶变》一书中谈道："篆刻艺术范畴是博大精深的，在套路中死磕只会阻碍自身的发展，埋没自身的创造力和想象力，动摇了自己本有的一些立场与观点。他主张在借鉴秦汉印的同时，尊古更不泥古，多学科多视角来看待篆刻艺术。创作上注重对比，强调变化、布局、线条；表达上突出创造性，在内容与形式上更是用心做到神形契合。利用奇正相生、大开大合、空灵错落等手段整合，使作品尽可能达意出新，使之成为学养和思想的载体，也是篆刻艺术的核心表达。艺术是哲学的，是思想的，是理性的，而非单一技法的。有思想的作品，必定是系统且又具体到点对点的复杂体……"陈老师治印注意刻刀在运作中的角度变化，反对过多摇摆式行刀，线条质感基本上能符合其所想要表达的效果。虽已历经三十多年的篆刻艺术生涯，每每一石就手，必定是不一样的构思，即便是曾刻过的内容，也必须在风格上力求不雷同。陈宝福先生反对形式上过分强调不同流派之间的刀法之别，他认为用刀无非冲、切二法，代表者分别为皖派、浙派。具体到刻印时，皖派、浙派刀法是互为补充；如何把你的内心构思，用刀表达出来才是最重要的，心由境造，刀随心移。艺术的表达是多元的，方式也是多样的，不能固守旧观念，搞艺术贵在创新。狭隘的说教，一成不变的传统套路，只会阻碍自身的发展。强调继承传统，并将取法传统视为学习的不二法门，同时又要有创新之精神。当今不少人的作品是千印一面，窥一斑而知全豹，这正是被一些套路说教羁绊住了，是其停滞不前的原因所在。所谓"传统印路"一味临摹，终将是被"宗古"所绑架，成为传统的守门人，扼杀了其本有的创造和想象力，缺乏主观立场，亦成为"有水之源、有本之木"的牺牲品。为此，陈宝福先生还刻意给自己取了一个"别古斋主"的雅号，道出了其对篆刻艺术的追

图5-13
肖形印《佛祖示花》（陈宝福篆刻）

图5-14
肖形印《度姆像》（陈宝福篆刻）

图5-15
肖形印《南无阿弥陀佛》（陈宝福篆刻）

图5-16
肖形印《观世音菩萨》（陈宝福篆刻）

求——虽师于古但绝不能拘泥于古。陈老师的观点也道出了一些同道人的心声，从其印、款中可见其内心深处到的艺术之思。这里不得不提印章边款的表达形式，边款艺术也是整个篆刻艺术不可分割一部分。所谓边款，一般泛指印侧及印背的文字、题记，它起源于隋唐时期。当时制印部门的工匠只是在官印的周围刻上制印年记、编号和释文等内容，虽然还称不上是艺术，但确实是边款艺术的雏形。刻好一方印的边款其实并不容易，许多刻印名家印文刻得很好，边款却令人不敢恭维。刻好印款需要对历代书法碑帖有深入认识以及严谨细致的布局，而绝非信手拈来那么简单。当下一些篆刻爱好者虽专注于刻印却忽视了边款的重要性，其实功夫在印外，篆刻是一门综合艺术，对文学、文字、书法等方面的修养要求较高，边款也是篆刻家体现功力的地方（图5-18至图5-61）。

印虽小，却来自远古，传承至今，乃为中华民族的文化和智慧结晶，方寸中见乾坤。篆刻艺术

图5-17   图5-18   图5-19   图5-20

图5-17　肖形印《度母像》（陈宝福篆刻）
图5-18　肖形印《坐佛》（如石作）
图5-19　肖形印《西方三圣》（陈宝福篆刻）
图5-20　肖形印《托钵化缘罗汉》（陈宝福篆刻）

图5-21　《悠然雅静》（陈宝福篆刻）

图5-22　《烟云入画图》
（陈宝福篆刻）

图5-23　《小雁书画》
（陈宝福篆刻）

图5-24 《万山红遍》
（陈宝福篆刻）

图5-25 《屈己者能处众》
（陈宝福篆刻）

图5-26 《祥瑞》（陈宝福篆刻作品）

图5-27 《祥瑞》（陈宝福篆刻印面）

图5-28　《上善若水》（陈宝福篆刻）

图5-29　《南无阿弥陀佛》（陈宝福篆刻）

图5-30　《松鹤延年》（陈宝福篆刻）

图5-31　《犁鉏将军》（陈宝福篆刻）

图5-32　《人间有味是清欢》（陈宝福篆刻）

图5-33　《黑发不勤白头悔迟》（陈宝福篆刻）

图5-34 《川凤子》(陈宝福篆刻)

图5-35 《长乐未央》(陈宝福篆刻)

图5-36 《蕙心兰质》(陈宝福篆刻)

图5-37 《非法非非法》(陈宝福篆刻)

图5-38 《心平气和》(陈宝福篆刻)

图5-39 《江山多娇》(陈宝福篆刻)

图5-40 《缘起性空》（陈宝福篆刻）

图5-41 《宁朴勿华》（陈宝福篆刻）

图5-42 《一念放下万般自在》（陈宝福篆刻）

图5-43 《道生一，一生二，二生三，三生万物》
（陈宝福篆刻）

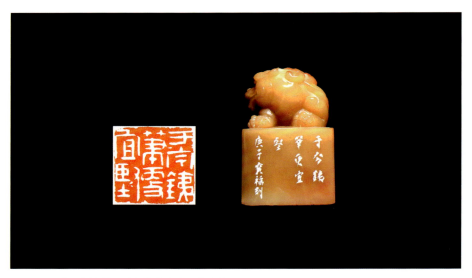

图5-44 《于今铁笔更宜坚》（陈宝福篆刻）

图5-45 观音肖形印及《般若》（陈宝福篆刻）

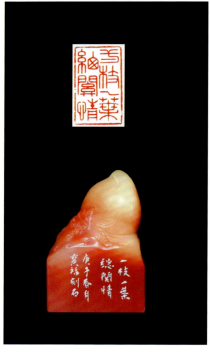

图5-46 《一枝一叶总关情》（陈宝福篆刻）

图5-47 《天之道，利而不害，人之道，为而不争》
（陈宝福篆刻）

图5-48 《人寿年丰》（陈宝福篆刻）

图5-49 《心无挂碍》《厚德载物》
（陈宝福老师刻石）

图5-50 《云水禅心》《静以修身》《不问是非，只争高
下》（陈宝福老师刻石）

图5-51　陈宝福篆刻边款《伯牙鼓琴，志在高山》

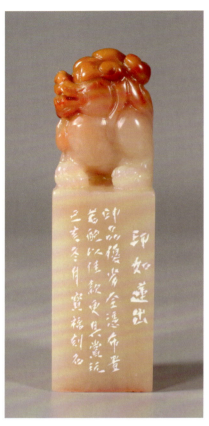

图5-52　陈宝福篆刻边款《印如莲出》

图5-53　《阃阅之印》
（陈宝福篆刻）

图5-54　《以印会友》
（陈宝福篆刻）

图5-55　《气若幽兰》
（陈宝福篆刻）

图5-56　《花好月圆》（陈宝福篆刻）

图5-57　《奇石尽含千古绣》（陈宝福篆刻）

图5-58　《路漫漫其修远兮，吾将上下而求索》（陈宝福篆刻）

图5-59
昌化白玉地朱砂红博
古钮大方章两枚
（陈宝福刻）

的内在学问，涵盖了文字学、美学、文学、金石、考古、书法、历史、雕刻等多方面专业知识。当今，社会繁荣，文化兴盛，大力传播和发扬篆刻印石文化也正值良好的契机。从各类企业机构的标识设计到平面创意装帧设计中都不乏篆刻艺术的身影（图5-62至图5-70）。

浙江省国石文化保护研究会理事姜四海先生提出了"一人一印最中国"的理念，

图5-60　肖形印《三圣》
（陈宝福篆刻）

图5-61　《行道有
福》（陈宝福篆刻）

图5-62　隶篆印形式的
品牌标志设计《天目宿
集》（陈宝福篆刻）

图5-63 《顾明远印》（陈宝福篆刻）

图5-64 《坚匏景墅》（陈宝福篆刻）

图5-65 机构用篆印《浙江省会展学会》（卢小雁篆刻）

图5-66 机构用篆印《浙江省传播学会》（卢小雁篆刻）

图5-67 机构用篆印《马克思主义美学研究》（卢小雁篆刻）

图5-68 机构用篆印《浙江大学传播研究所藏书》（卢小雁篆刻）

图5-69 机构用篆印《清源学社》（卢小雁篆刻）

图5-70 篆印石雕文化应用于装帧设计：《中国传媒海外报告》学术期刊封面（卢小雁设计）

图5-71　姜四海先生赠送浙江大学2019届毕业生每人一枚精致的"求是印"作为毕业留念

图5-72　求是印

图5-73　2016中国杭州G20峰会元首国礼：昌化石狮钮肖像印章（钱高潮大师领衔创作）

其并赠送浙江大学2019届毕业生每人一枚精致的"求是印"作为毕业留念，此举极大地促进了印石文化在青年一代中的传播（图5-71至图5-72）。钱高潮大师主创的昌化石肖像印国礼则促进了当今中华印章文化的国际传播（图5-73至图5-74）。

中国国家主席
习近平

阿根廷总统
马克里

巴西总统
特梅尔

法国总统
奥朗德

印度尼西亚总统
佐科

韩国总统
朴槿惠

墨西哥总统
培尼亚

俄罗斯总统
普京

南非总统
祖马

土耳其总统
埃尔多安

美国总统
奥巴马

澳大利亚总理
特恩布尔

加拿大总理
特鲁多

德国总理
默克尔

印度总理
莫迪

意大利总理
伦齐

日本首相
安倍晋三

英国首相
特蕾莎·梅

欧洲理事会主席
图斯克

欧盟委员会主席
容克

沙特阿拉伯王储继承人
穆罕默德·本·萨勒曼

图5-74　二十国集团领导人杭州峰会各国政要肖像印拓

6 中华印石石雕艺术与文化传播

　　伴随中华印石文化发展而来的是印石石雕艺术。印石石雕不同于一般的石雕，它的雕琢用料均是"四大国石"之类质地松软的石料。最为出名的当数福建寿山石雕和浙江青田石雕，福建寿山石雕以圆雕、印纽、和薄意雕见长，青田石雕则以写实镂空雕见长。

一、福建寿山石雕

　　福建寿山石雕是传统的民间雕刻艺术，主要以产于福州北部山区北峰的寿山石为材料，雕制供摆设玩赏的小型雕件。寿山石雕十分注重依石造型，因而有"一相抵九工"之说，其技艺主要流传在福州市晋安区鼓山、岳峰镇、象园、王庄街道和寿山乡一带。

　　寿山石雕技法丰富多样，精湛圆熟，又在发展过程中广纳博采，融合了中国画和各种民间工艺的雕刻技艺与艺术精华。其技法主要包括圆雕、印纽雕、薄意雕、镂空雕、浅浮雕、高浮雕、镶

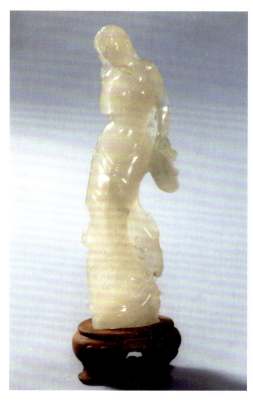

图6-1　寿山纯白荔枝冻石圆雕摆件《圣女》（林庆作品）

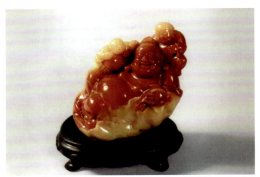

图6-2　寿山芙蓉石圆雕摆件《笑口常开》（林庆作品，荣获第十二届西湖博览会银奖）

图6-3　寿山艾叶绿圆雕摆件《皆大欢喜》（林庆作品，荣获"非遗薪传——浙江石雕精品展"银奖）

嵌雕、链雕、文字雕和微雕等。寿山石雕作品题材广泛，有人物、动物、山水、花鸟等品类。因此，寿山石雕的社会影响面极广，具有"上伴帝王将相，中及文人雅士，下亲庶民百姓"的艺术魅力，深受国内外鉴赏家与收藏家的好评。寿山石雕在中国传统国石文化中占有突出地位，相关雕刻品已成为高雅、精美、凝重和睿智的象征。寿山石雕往往根据每块石料的料性、纹理、颜色等特点，避其裂杂，彰显其石料之最优处，追求即雕即琢的艺术效果，故以"相石"为重要环节，讲究利用石形石色，巧施技艺，以达到"天工合一"的境界。

　　早在明清时期，寿山石雕的技法已达到极高的境界。清代后期，康熙等皇帝用寿山石制宝玺，寿山石印章成为帝王权力的象征，寿山石特别是寿山田黄石身价也随之倍增，有"一两田黄三两

图6-4　昌化田黄石雕件《渔翁得利》（林庆作品）

图6-5　寿山彩荔枝冻石圆雕摆件《和合二仙》（林庆作品）

图6-6　寿山荔枝冻圆雕摆件《海的女儿》（林庆作品，荣获2010年良渚杯玉石雕刻精品展最佳工艺奖）

图6-7　昌化田黄石雕件《笑谈天下》（林庆作品，荣获海南省首届工艺美术精品展金奖）

金"之说。而今，寿山石雕工艺品常被作为礼品赠送给外国国家元首和世界知名人士。寿山石雕刻各类工艺品，特别是寿山石雕钮印章更是受到世人的青睐。寿山石工艺品已经成为中国玉石雕刻品中"高雅""精美""凝重"和"睿智"的象征，"以石会友"、"以石增缘""以石增情"成为寿山石文化的一大特色。

寿山石雕艺术分成东门和西门两大流派，东门派主要集中在福州鼓山后屿一带，西门派主要集中在福州洪山一带。到了清朝同治年间，潘玉茂、林谦培继承杨璇、周彬的雕刻手法，各自发展形成了东门、西门两大艺术流派。潘玉茂、林谦培的传人林元珠、林文宝、郑仁蛟、林清卿、黄恒颂、林友清等都继承并发展了寿山石雕艺术。林文宝创作的各种印纽千姿百态，自成风格；郑仁蛟吸收其他雕刻的长处，使圆雕人物、动物别具一格；林清卿独辟蹊径，于薄意雕刻中融入中国画创作理念，精妙绝伦。东门派艺人讲求造型伟岸，善取巧色，刀法矫健，作品玲珑剔透，精巧华丽，雅俗共赏；西门派艺人善于因材施艺，巧掩瑕疵，刀法圆顺，追求传神意韵，作品造型古朴，给人以无穷回味。

寿山石雕艺术史上的两个重要人物，即清康熙年间寿山石雕的一代宗

图6-8 昌化田黄冻石罗汉圆雕摆件（陈永华收藏）

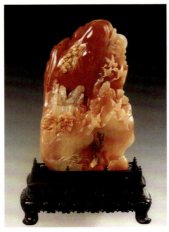

图6-9 巴林水草彩冻石雕件《鹭禄高升》（林庆作品）

图6-10 寿山杜陵石雕件《曲径通幽》（林庆作品）

师杨璇和周彬。

杨璇，又名杨玉善、杨玉璇等，福建漳浦人。清康熙年间，他客居福州，首创"审曲面势"雕刻法，即根据寿山石丰富的色彩，顺其自然，依色巧雕，使雕刻作品形神兼备，情趣盎然。杨璇在人物和兽钮雕刻上技法特别精到，是公认的寿山石雕鼻祖。他的作品构思巧妙，刀法古朴，独具匠心。

与杨璇同时期的还有一位宗师周彬，字尚均，闽南人，尤擅钮雕，技艺超凡，名冠当时，所制印钮被称为"尚均钮"，多为地方官吏进贡朝廷之用，作为皇家秘藏之珍。"尚均钮"多是兽钮，雕风精细，手法夸张，形态与众不同，印旁常有博古纹，多取青铜器纹样，并在纹样中隐刻双钩篆字"尚均"。

继杨璇、周彬之后，福州还有董沧门、奕天、妙巷等人继承"钮雕"传统，闻名于

图6-11 昌化田黄石雕件《聚贤图》（林庆作品，荣获2010年浙江省石雕论坛十大珍品奖）

世。清同治、光绪年间，潘玉茂、林谦培二人继承发扬周彬、杨璇的寿山石雕技艺，各得其真，并各自收徒传艺，各扬其长。后又经世代沿袭和发展，形成了两个不同风格的寿山石雕艺术流派，也就是"西门派"和"东门派"。后经过逐渐发展又形成了一个新的流派，即"学院派"。无论各门各派，寿山石雕都在传承中不断发展。从当下对寿山石材及相关石料的运用上，寿山石雕主要流行三种雕刻技术：圆雕、印钮雕和薄意雕。

　　寿山石圆雕技艺最早起源于南北朝，二十世纪五十年代曾在福州挖出了很多南北朝时期的墓葬品，其中最常见的便是寿山石雕，并且根据相关的历史资料记载，在南北朝时期圆雕就一直是寿山石雕最主要的雕刻手法，那时虽然寿山石圆雕技术发展并不成熟，大多都还处在探索阶段，但是雕制出来的作品亦可称神形俱佳。圆雕的特征是完全立体的，观众可从四面八方去欣赏它。故宫博物院收藏的寿山石雕作品中，很多作品都是运用寿山石圆雕技艺，这些作品大多出自大师之手。收藏在故宫博物院中的圆雕作品大多以佛教为主要题材，多数都是罗汉、菩萨，这也能够

图6-12　昌化玻璃冻石雕件《秋林逸士》
（林庆作品）

图6-13　昌化田黄石雕件《深山逸士》
（林庆作品）

图6-14　寿山石山水人物大摆件
《水洞高山》（林庆作品，摄于名石馆）

图6-15　昌化田黄石雕件《洞天福地》（林庆作品）

图6-16　寿山白田雕件《九龙戏珠》（林庆作品）　图6-17　昌化田黄石雕件《松山雅聚》（林庆作品）

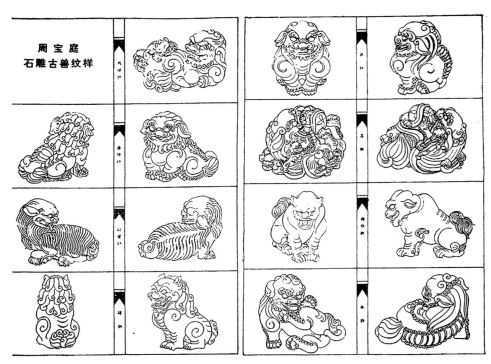

图6-18 周宝庭古兽纹样局部（庄元绘）

看出佛教对我国文化的重要影响。好的寿山石圆雕作品往往能够通过工匠的悉心雕琢，将主题完好地表达出来，寓意深远，值得收藏者们细细品味（图6-1至图6-17）。

印钮最初出现在早期的玉印和金属印上，其最初设计制作的目的是实用为主，用于穿绶带系于腰间，如瓦钮、鼻钮等。秦汉以后的很多御用、官用印玺钮制则象征着皇权和官阶品级，多以龙、凤、鸟、蛇等为钮形。明清以后，随着软质地印石的普及使用，寿山石的印钮雕刻逐渐发展成了一门独立的综合艺术，在技法上以圆雕、浮雕和薄意雕等为主；题材十分广泛，从古兽瑞兽、动物人物、花果草虫到博古纹饰，等等，雕钮艺人们发挥其无限的想象力和创造力，使得绚丽多彩、巧妙精美的寿山石印钮雕刻艺术繁荣兴盛，名扬天下，从而拥有大量痴迷于寿山印钮石章艺术的品鉴、收藏群体。

寿山印纽雕刻中传承最久亦最为经典的便是古兽印纽，古兽钮在寿山石中的地位，可以说是举足轻重的。寿山的古兽钮以躯体饱满、威武雄浑和工艺圆润见长，从龙生九子到各种辟邪祥瑞，雕刻题材多达上百种。对当今寿山古兽钮雕刻艺术传

图6-19 昌化田黄石螭虎钮方章（陈玮大师作品）

承贡献最大的工艺美术大师当数已故的周宝庭[1]先生。"文革"期间，周宝庭被视为工艺美术界寿山石雕的"反动技术权威"而遭到批判，但他仍然以厂为家、一心一意扑在工作上，从不荒废自己的专业，为继承和发扬祖国优秀传统工艺做出贡献。改革开放以后，他虽患有心脏病、高血压等多种疾病，在为石雕厂把好产品质量关和授徒传艺之余，仍然手握雕刀，创作出

图6-20 昌化田黄石螭虎钮方章
（胡春阳作品）

---

1 周宝庭（1906年5月14日—1989年7月14日），小名依季，又号异臂，福州人。寿山石雕名艺人，中国工艺美术大师。师从名艺人林友清、郑仁蛟。创立"周派"，技法既有东门尖刀深刻、剔透灵巧，又有西门圆刀薄意、古朴典雅，擅长仕女印纽与古兽雕刻。

图6-21　四大国石圆雕瑞兽手把件
（从左至右：巴林红花冻、昌化双色牛角冻、寿山月尾绿、青田红木冻）

图6-22　精品雕钮章一组（左：昌化白田、中：寿山俏色汶洋、右：昌化夹板黄冻）

图6-23　昌化石瑞兽钮方章
（柯正大师工　陈永华收藏）

图6-24　昌化白田纽章（胡春阳制钮）

图6-25　昌化彩冻石纽章两枚（胡春阳制钮）

图6-26　瑞兽钮大方章（胡春阳作）

了许多好作品。特别是他绘制的《周宝庭古兽印钮图谱》是凝聚了历代寿山石雕艺人精工技巧的珍贵资料，使古兽印钮雕刻艺术得以继续传承下去并发扬光大（图6-18至图6-27）。

博古类钮雕是借鉴古代的青铜器皿上之纹饰造型，以各类盘龙翔凤、饕餮蝙蝠、螭虎瑞兽、重环瓦格、云水雷纹等题材进行雕刻，通常在平头钮印章的上部四周进行镌刻，所表现的博古图纹古色古香，拙中见巧，十分典雅古朴，为文

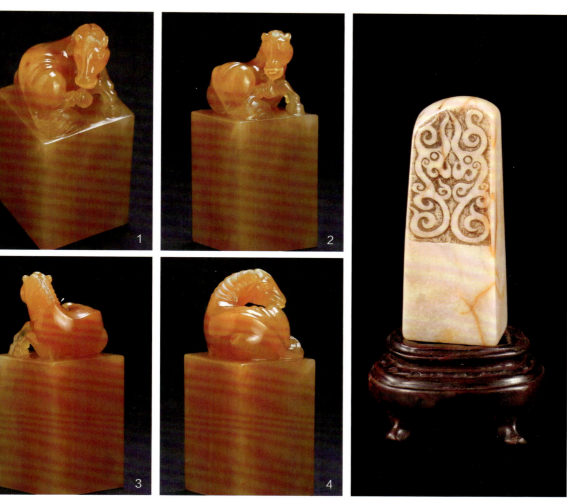

图6-27　马到成功钮方章
（胡春阳作）1-4

图6-28　昌化白田黄薄意雕博古纹扁章
（卢小雁作）

人雅士们所钟爱（图6-33）。

　　薄意雕是寿山石雕的一种最为独特的表现技法。薄意是从浅浮雕技法中逐渐衍化而来的，顾名思义，它比浅浮雕还要"浅"，因雕刻层薄且富有画意，故称"薄意"。薄意雕品素以"重典雅、工精微、近画理"而著称，是介于绘画与雕刻之间的独特艺术，特别适用于雕刻那些以克论价且价超黄金的寿山田黄石、荔枝冻等超名贵珍稀石料，既最大限度地保留了原石的形貌，又使其具有超凡脱俗的艺术魅力，富有欣赏和珍藏价值。此外，对于一些珍稀印章料，采用章身四面薄意雕的手法还可以巧妙地隐去章体中的裂纹筋格和细微斑杂等缺陷，或充分利用寿山石的纹理、俏色等特点，雕绘出各类精美的图画。薄意雕多采用国画题材，注重意境和气韵、构图和布局，"按材施艺，因色构图，避格取巧，

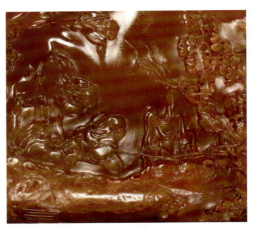

图6-29　昌化熟栗黄冻田黄石薄意雕摆件《山林聚贤》局部（陈永华收藏）

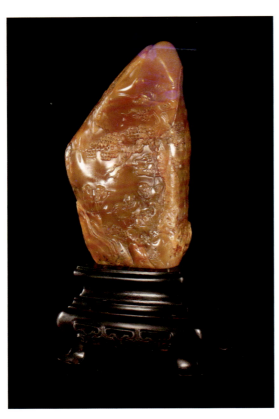

图6-30　昌化熟栗黄冻田黄石薄意雕摆件《山林聚贤》（陈永华收藏）

掩饰瑕疵"，力求繁而不乱，简而有致，章法雅典，整洁挺秀，将雕艺与画理融为一体。现今寿山薄意雕的代表人物当首推林文举大师，其秉承寿山石雕西门派传统薄意雕刻技艺，既有家学渊源，又有扎实的国画基础，创作手法丰富多变，匠心独运，作品集文学、书画、雕刻于一体，在海内外久享盛誉，先后出版《林文举薄意艺术》等四本个人专著，在各种书刊上发表论文十余篇。其创作的作品曾多次荣获国家级、省级、市级大奖（图6-29至图6-32）。

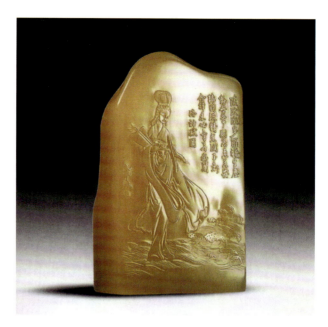

图6-31　寿山薄意雕结晶芙蓉随形扁章及拓片《洛神赋图》（林文举大师作品）

图6-32　寿山田黄薄意雕摆件　　　　图6-33　寿山俏色芙蓉石博古纹瓦钮扁章
（林文举大师作品）

二、青田石雕

青田石雕是浙江省青田县地方传统工艺美术，国家级非物质文化遗产。青田石雕自成流派，奔放大气，细腻精巧，形神兼备，基调为写实兼具尚意。青田石雕发端于距今5000年的菘泽文化时期。唐宋时期，创作题材和技艺有突破性的进展。元明时期，青田石雕已具较高的圆雕技艺水平。至清代，青田石雕吸收"巧玉石"制作工艺，开创了中国石雕"多层次镂雕"的技艺先河。清末民初，

图6-34　因材施雕的青田写实镂空雕

图6-35　青田龙蛋石儿童组雕

图6-36　青田龙蛋石雕作品《天上人间》
（张爱廷作品）

图6-37　张爱廷大师和他的作品

图6-38　青田石镂空雕摆件
《竹翠梅香》（徐伟军大师工，陈永华收藏）

图6-39 青田石镂空雕摆件
《竹翠梅香》局部（徐伟军大师工，陈永华收藏）

随着对外商贸开通，青田石雕远销英、美、法等国，多次参加国际性赛会，并在1899年巴黎赛会、1905年比利时赛会、1915年美国太平洋万国博览会上展出获奖。在国内，1909年，青田石雕在南京举办的南洋劝业会上获银奖。清代光绪《青田县志》就有"赵子昂始取吾乡灯光石作印，至明代石印盛行"的记载。只因赵子昂的书画名声太大，而使他首创用青田石刻印的记载被漫漫岁月忘却了（图6-34）。

改革开放后，青田石雕得到快速发展，石雕从业人员逾万人，年产值数亿元，作品远销40多个国家和地区。现今还活跃在青田石雕领域鼎鼎有名的几位大师级艺术家则首推倪东方、张爱廷和张爱光三位大师[1]，其中倪东方和张爱廷的作品还入选了中国邮政于1992年12月15日发行的志号为1992-16的纪念邮票《青田石雕》（图6-35至图6-50）。

1　倪东方，1928年10月出生，2009年6月入选第三批青田石雕国家级非物质文化遗产传承人；张爱廷，1939年2月出生，2012年入选第四批青田石雕国家级非物质文化遗产传承人；张爱光，2018年入选第五批青田石雕国家级非物质文化遗产传承人。

图6-40　倪东方大师的的青田石雕作品《花好月圆》
（1992-16纪念邮票《青田石雕》中收录）

图6-41 作品名称：青田封门灯光冻石《月下情思》（裘良军大师作）
尺寸：35×25×10cm

《月下情思》简介：梅为花中之魁，凌霜傲雪，坚贞高洁，素为国人所赞赏和喜爱。作者爱梅、怜梅、惜梅，也擅作梅，作品一反青田石雕花卉雕刻常用的多层次镂雕手法，独创"深镂浅浮雕"技法，取深浮雕和浅浮雕的中间值，融合薄意和微镂技法，因势造型，俏色巧雕，简洁雅致，韵味独具。整体以圆月为背景造型，月上深镂浅雕梅花一株，枝干遒劲，凌寒初开，营造出一派"疏影横斜""暗香浮动"的优美意境，传达出浪漫、含蓄、恬静的无限情思。梅花、圆月的组合造型和画面构图是对传统花好月圆题材的变化和创新，艺术夸张，构思精巧，圆融和谐，清丽脱俗，充满了国画的视觉效果和中国文化的思想内蕴。

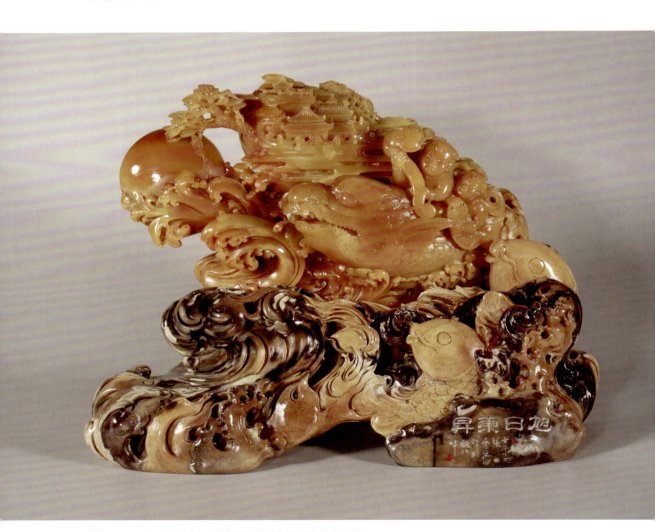

图6-42　青田红花冻石雕《旭日东升》（张爱廷大师作）

图6-43　青田石巧雕《生生不息》

图6-44　青田龙蛋石雕《双龙戏珠》
（傅小龙收藏）

图6-45　青田石巧雕《梅壶》
（傅小龙收藏）

图6-46　青田石巧雕《八仙过海》（傅小龙收藏）

图6-47　青田俏色竹叶青冻石雕件《花好月圆》
（裘良军大师作）

图6-48　寿山石写实巧雕《一鸣惊人》

图6-49　青田红花冻石雕《旭日东升》（局部）

图6-50　青田红花冻石雕《旭日东升》（局部）

7 他山之石：印石新品与鉴赏

除了"四大国石"以外，可以用来治印作雕的软硬适宜的石种为数不少，只是其发展文脉和艺术底蕴无法与四大国石相抗衡，以下就稍举几例略作介绍。

一、西安绿

西安绿是一种产自西安的绿冻石，一般呈深绿色，灯光下色略浓，半透明或微透明，摩氏硬度在3左右，质地细腻，用一般硬物能在石上留痕，易于奏刀，一般用于刻制印章和雕件，产量较少，品质优者色泽深浓，沉稳大气，且质地纯净半透明，光泽油润，先声夺人，为篆刻石雕界所珍视（图7-1）。

图7-1 西安绿印章两枚（右：赵见阳先生惠存）

图7-2　极品雅安绿冻石（左：布袋罗汉手把件、右：云龙纽椭圆章）

二、雅安绿

　　雅安绿是近年来新出产自四川雅安的一种绿冻石，其品质优者比西安绿颜色更加鲜艳，其纯正者直逼翡翠，绿色冻石中无出其右者，色之艳丽令人惊叹。但常伴生有黄褐色粗石，故多有黄褐色花纹，纯净成材者不易得。偶有"三无"（无格、无裂、无杂）而尺寸可观者，价格则比优质寿山石要高，按克计价甚至直超黄金，是印章石雕界的新宠（图7-2至图7-4）。

三、广东绿

　　广东绿，亦称广绿石，产于广东省肇庆市广宁县木格与清桂交界的五指山一带，矿物学成分是绢云母岩，质地细腻，呈油脂光泽或蜡状光泽。广绿石多微透明至不透明，按颜色特征划分，有黄绿、白绿、碧绿、墨绿等。广绿石摩氏硬度为2.5~3.5，比寿山石稍高，广绿石在历史上曾经是很受欢迎的印材（图7-5至图7-6）。

图7-3　雅安绿冻石印章三枚

图7-4　雅安绿博古纹饰螭虎神缶钮章

图7-5　左一、左二：冻地广东绿印章
　　　　右：辽宁丹东石绿冻地自然形兽钮章

图7-6　广东绿钮章两枚

四、煤精石

煤精石又称煤金石、煤根石，是煤矿的伴生矿石，凡出产煤矿的地方皆有产。煤精石是远古森林中油质丰富的坚硬树木，如柞、榆、桦、松、柏等被洪水冲到低洼之处，经过地壳变迁、高温和地下压力的泥化作用生成的黑色结晶体，品质佳者细密坚韧，黝黑发亮，硬度适宜。上品的煤精石抛光后通体漆黑，如墨一般，磨成印章刻制边款则颇具书法碑帖拓片的韵味（图7-7）。

五、楚石（墨晶石）

楚石产于湖南洞口、新化一带，又名墨晶石。这种石头的外观漆黑，其中佳者细腻温润，极具光泽，是做石雕摆件的好材料。楚石质地比寿山石略硬，刻起来干燥脆爽，铿锵有声，由于其极易辨别、不可复制的外貌，在印材界一直占有一席之地。与煤精石一样，墨晶石制章作边款也是极具书法碑帖拓片韵味，但因其石质坚硬，则更显镌刻功力（图7-8）。

图7-7　煤精石印章两枚

图7-8　楚石印章（陈宝福篆刻边款）

六、萧山石

萧山石产于浙江省杭州市萧山区，由于色多紫红，又称萧山红。萧山石色泽单一，产量大，通常质地较粗，不透明，常作为普通印材出售，或因块度大而被加工成巨型印章。其刀感与普通青田练习章相似但更为干燥，适合篆刻，是一种很常见的中低端印材。但也有少量萧山石接近昌化朱砂的质地和韵味，十分罕见（图7-9至图7-10）。

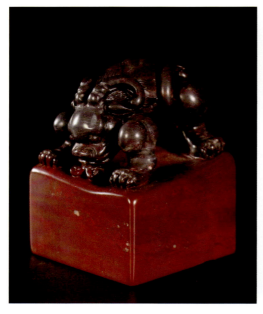 

图7-9　萧山朱砂红瑞兽钮方章
（柯正大师工，陈永华收藏）

图7-10　萧山朱砂红龟钮章

七、丹东石

丹东石也是印石市场上一种非常常见的石材。它产于辽宁省岫岩县，与岫岩玉伴生，成分为绿泥石，颜色由浅至深呈灰绿色，半透明，样子与岫岩玉也有几分相似。丹东石硬度比寿山石稍高，刀感绵硬略涩，但质地非常稳定，即使很便宜的丹东石也不会多难刻，因此在练习章市场上颇受欢迎。丹东石在作为印材之外，也是很好的雕刻石材，它块度大，韧性好，不崩不裂，价格又便宜，刻起来不用太心疼材料，非常适合各类雕刻创作（图7-11至图7-13）。

图7-11　丹东黄冻石博古纹扁章（傅小龙先生惠让）

图7-12　辽宁丹东雪花冻石方章两枚

图7-13　辽宁丹东粉红冻石素章（傅小龙先生惠让）

八、伊犁石

伊犁石产自新疆天山脚下，因产自伊犁，国内雕刻家称之为伊犁石，又称为"伊犁软玉"。伊犁石和寿山石、青田石、巴林石、昌化石属同类石材，质地温润细腻，易于雕刻，油质感强，色彩丰富。但和"四大国石"相比，其质地略粗，手感偏轻，色彩种类较少，艳度不够，但因矿产量大，价格低廉，伊犁石也成为常用的普通篆刻印材（图7-14至图7-15）。

图7-14　新疆伊犁石自然形摆件　图7-15　新疆伊犁石雕纽方章

九、老挝石

老挝石是近些年在老挝发现的新石种，最早也被称为越南石，价格较寿山石低。因为其低廉的价格和艳丽的色彩，其受到寿山石从业人员和爱好者的喜爱。在寿山石资源日益枯竭的今天，老挝石作为其替代品来填补市场的需求。2014年8月，老挝石开始大量进入我国，并主要进入了福建市场。其矿料通常石质较好，刀感类似寿山冻石，但不易裂，易出大料，且产量丰富。老挝石是当前最热的外来石种，一度给传统的"四大国石"市场带来巨大冲击，但同时也在很大程度上缓解了传统"四大国石"的资源日趋枯竭之困（图7-16至图7-18）。

老挝石主要分为老挝南部料、老挝

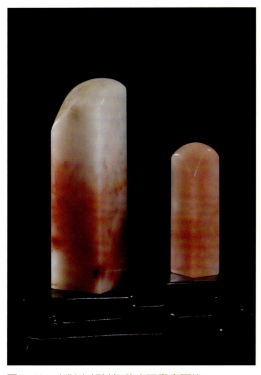

图7-16 老挝南部料红花冻石素章两枚

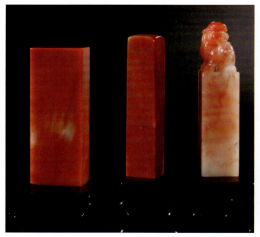

图7-17 朱砂红冻石印章三枚
（左右：老挝石 中间：寿山石）

图7-18 瑞兽纽章两枚
（左：寿山芙蓉石 右：老挝红芙蓉）

图7-19 老挝南部料彩冻石龙钮镇纸

田黄石和老挝北部黄。老挝南部料主要是叶蜡石矿，质地冻结，色彩丰富，出产的各类彩冻石和"四大国石"的许多典型品种十分相似，且价格低廉，具有巨大的市场潜力。中国保利集团有限公司于2017年6月19日与老挝政府签署叶蜡石项目协议，双方正式组建合资公司共同开发老挝南部叶蜡石矿产资源，至此，老挝南部之石种也被称为保利石（图7-19至图7-22）。老挝田黄石则一般带有厚皮，与寿山、昌化的掘性料十分相似，且块头大，产量高，品种多，黄皮黄肉、黄皮红肉、白皮黄肉、乌鸦皮，等等，应有尽有，锯章作雕都十分适合（图7-23至图

图7-20 老挝朱砂晶冻石钮章两枚

图7-21　老挝南部料桃花冻组章（睿石堂惠让）
图7-22　老挝南部料彩冻石钮章两枚
图7-23　老挝田黄石云火螭虎浮雕大方章
图7-24　老挝田黄石大钮章（黄皮红肉）
图7-25　老挝北部黄冻石钮章三枚
图7-26　老挝北部黄冻石钮章四枚

图7-27 老挝北部黄冻石钮章五枚（睿石堂惠让）

图7-28 老挝北部黄小钮章四枚（睿石堂惠让）

图7-29 老挝北部黄小钮章一组（睿石堂惠让）

7-24）。老挝北部黄则是一种结晶体的掘性石，其在当今寿山田黄章一印难求、昌化田黄章难出精品的格局中脱颖而出，成为印石篆刻界的新宠。上等的老挝北部黄不仅能出大料，而且色黄质优，萝卜丝纹红筋格分明，深受国人喜爱。由于印石文玩市场的热衷追捧，价格也一度上涨（图7-25至图7-31）。

此外，还有一些诸如云南石、河南石、青海石等品种，也适合制印雕刻，具有一定的市场（图7-32至图7-35）。

图7-30　老挝北部料荔枝冻石钮章两枚（右：胡春阳制钮）

图7-31　老挝小钮章四枚（左右两枚为北部黄，中间两枚为红花田黄）

图7-32　云南粉红冻石印章两枚

图7-33　河南西峡蓝冻石印章两枚

图7-34　印度石印章（左：印度葡萄冻 右：印度紫檀花）

图7-35　青海石素章一组

第三篇

中华砚石与
文玩雅赏

文玩之首，一砚难求

砚台是中国人几千年以来的文房用具。就收藏观赏而言，文房四宝"笔墨纸砚"中以砚为首，这或是因其质地坚实，能传之百代的缘故。中国四大名砚之称始于唐代，分别是端砚、歙砚、洮砚、红丝砚。事实上，中国砚石品种繁多，远不止于此，如松花石砚、苴却石砚、贺兰石砚、澄泥砚、漆砂砚，等等，在砚史上均占有一席之地。

改革开放以来，随着经济的发展、文房藏品市场的复苏，一些砚石爱好者每年都会前往重要的砚石产地从石农手中购进砚石。砚石收藏者所钟情的各类文玩砚石近年来价格也持续上涨，如2007年7月西泠印社拍卖有限公司在杭州首推名砚专场，117方历代名砚成交115方，获得高达98.29%的成交率，1832万元的总成交额。其中"清·伊秉绶等铭大西洞端砚"（图1），成交价96.8万元；"清·吴昌硕等铭端溪合同砚""清·吴湖帆等铭大西洞端砚"（图2、图3）拍得71.5万元。砚台的价格攀高，与近些年传统文玩类别在拍卖场上重获青睐不无关系。随着经济实力的增强，中国人越来越多地被祖国传统文化所吸引，传统文玩杂项获得了更多关注。此外，和名贵的玉石、印石一样，高端砚石原材料的枯竭也

图1 清·伊秉绶等铭大西洞端砚

图2　清·吴湖帆等铭大西洞端砚砚身

是重要的原因。"现在一年所挖出的砚石量，以前100年都做不到。今天的开采量是历史上最高的。"相关人士如是说。砚石不是普通石头，成分为泥质变质岩，是寒武纪古海洋边上的泥土，经过数亿年的变化形成岩石，是非常罕见的天然化学物质。居高不下的开采成本造成历史上砚台价格的高昂。

　　四大名砚之首——端砚的起源和演进，与悠久的制砚历史息息相关。相传，黄帝得一妙石，治为墨海，上有篆文"帝鸿氏之砚"。此传说尚无法定论，但至少有人认为早在我们华夏民族的早期就出现过一方砚台，可见历史之久远。

　　"帝鸿氏之砚"是砚之始祖，其形制无从考证，正是这种无法想象，使古砚又多了一重撩人的神秘。但是，早在石器时代，当人们发现矿物颜料，并试图用它来美化生活，特别是将狩猎对象描绘到岩壁上的时候，砚就应运而生了。历史

图3　吴湖帆等铭大西洞端砚砚盒

已经证实了这一点。1958年，仰韶文化遗址出土了一块双格石砚，当时或许有人会感到困惑：新石器时代就已经有了砚台？但格凹槽里残留的红色矿物颜料是不容置疑的。砚者，研磨之器，所以砚的始称就叫"研"。可见研磨器（砚）与颜料（墨）、杆（笔）一样古老。当时砚台主要用来研磨制彩陶用的颜料。

商周时期，黑色的矿物即"墨"开始出现。

从仰韶文化时期到秦末汉初，砚一直处于缓慢的发展之中。在形制方面，其长期保持着附有磨杵的形式，这是因为当时一直使用的是天然墨和丸状、块状的半天然墨，不易于手研，必须借助研杵和研石进行研墨，使其溶解于液体中方能使用。我们的先民起先也许是在"砚台"上敲、砸、捣、碾，但最终学会了慢慢研磨颜料。这段时期，我们的先民对砚的形制、品质进行了不懈的改进，除一般石砚外，还出现了陶砚、铜砚、漆砚等。

秦朝统一中国，进入一个书同文、车同轨的规范化时代。随着李斯小篆体的普及应用，砚台也就正式登上"大雅之堂"。即使随便弄一块石头作砚台，也要讲究一个好模好样的形制。出土于湖北云梦睡虎地古墓中的秦砚，是对一块鹅卵石经过琢磨后的典范。这块质朴小巧的砚台可以摆放于书案，书写砚的源头追溯到这个时段似乎比较合适。1980年临潼姜寨遗址发掘有一套绘画工具，其中一块石砚，有砚盖、磨杵（类同砚石），砚心微凹，这已经十分接近汉代的石砚了。

大约到了西汉中期，砚已经开始从实用的书写工具中分离出来，逐步成为带有浑朴装饰的工艺品，步入了艺术的殿堂。汉代出现了以松烟为主的人工手捏墨，砚的制作发生了很大的变化。长方形的人工墨，使用十分便捷，磨石和磨杵日趋笨拙，不能适应社会的发展，结束了其历史使命；另一方面，此也大大提高了砚的制作水平。加之纸的发明，对砚的装饰性又提出了更高的要求。

汉朝的制砚工艺可谓完全成熟了。无论1955年出土于河北沧县四庄村东汉墓中的双盘龙盖三足石砚，还是1956年安徽太和双孤堆东汉墓出土的双兽盖三足行砚，都是三足鼎立，砚身抬高的制作风格。这个时期的割砚放足，显然要比石器时代的随形、商周的平板样式、秦代的取圆样式来得讲究、高贵。1978年河南安阳地区南乐县宋耿洛东汉墓出土的一方三足圆石砚则较为罕见，砚底中心刻有"五铢"字样，砚的边沿镌有一圈隶字："延熹三年七月壬辰朔七日丁酉，君高迁刺史二千石三公九卿，君寿如金石，寿考为期，永典启之，研直二千。"这大概是最早的关于砚台标价的记录。

图4　抄手砚

　　上海博物馆收藏有一方圆饼形石砚，其出土于上海福泉山一座西汉中期的墓葬中，用青褐色的页岩制成，砚体圆而扁平，质地较为细密，简而不陋，轮廓清晰，砚面上附有圆柱形磨石一块，已经初步摆脱了原始砚务求其用、不求其美的风格。砚史上最重要的演变发生在魏晋时期。由于墨的制作工艺发生了变化：墨工制作出了墨锭，墨锭可以手握研磨，墨锭将研石与墨丸结合到了一起。这在江西南昌东吴高荣墓中可以找到明证。此墓中出土的一块墨锭粗3.5厘米，长有9.5厘米；而纸也在这一时期得到了普遍使用，并取代了竹简。在纸上写字，远比在竹简上书写更耗墨，所以可储存更多墨汁的凹心砚成为当时制砚的主要样式。

　　隋唐时制砚已风行，而端州石砚的发现却轰动了砚界（也有学者认为"端砚面世于晋朝"），学士名流纷纷流露出了惊讶的目光。端砚脱颖而出，其为砚台的制作、欣赏开启了新局面。但为了方便，抄手砚成了当时流行的样式，其取代了箕形砚和风形砚。宋朝是砚台进入全面辉煌的时期，名人的如痴如狂，文人的推波助澜，砚台被赋予了更多的文化色彩，成为实用与鉴赏一体的艺术品（图4）。

进入现代中国，砚石多已失去了原先之实用功能，除了一部分书法爱好者和砚石收藏者，我们的书桌上已看不到砚台。而如今身价高居文玩之首的名贵砚石亦是极为珍贵。

8 四大名砚：端砚、歙砚、洮砚、红丝砚

砚台在我国有着悠久的历史，出土实物表明，早在两千多年前的秦汉，就已经出现了专门研墨用的石砚。各个地方可制砚的石材也很多，经过多年的选择、发展和传承，其中端砚、歙砚、洮砚和红丝砚最富盛名，合称"中国四大名砚"。

端砚

端砚为"中国四大名砚"之首，其石产于广东肇庆，以其坚实细腻、温润如玉的石质，独特而丰富多彩的花纹以及巧夺天工的雕刻艺术而闻名于世。端砚还具有贮水不涸、不损毫、发墨快等特点。

出产端砚石的砚坑，主要分布在肇庆城郊端溪一带，故端溪又泛指

图8-1 明代端砚（摄于浙江省博物馆）

端砚产区。据清代道光年间何传瑶《宝砚堂砚辨》所记载，历史上共开采过70多个砚坑，其中绝大多数已枯竭、停采。新中国成立以来，仍在开采的砚坑还有10多个。端砚石的原始母岩形成于距今4亿年的泥盆纪中期。在地球演化史上，4亿年前，肇庆这个位置是一条沿东北方向延伸的滨岸，当时的大海在广西方向，海水从西部进入肇庆地区。肇庆位于古陆与半岛之间的海陆交替处，两侧的古陆为沉积提供了物源。古陆风化剥蚀下来的大量泥沙被海水带到滨岸停下来，按比重和粒级的大小依次沉积，堆积成层，较轻的漂浮物被水解后停留在潮坪较低洼的湖区，缓慢沉降，最后沉积演变。这就是端石最初的物质聚集。所以端砚石是远古泥盆纪地质时期，经过高温高压后形成的泥质变质岩，含软的泥和硬的硅，因而具备刚中带柔的质地。

端砚石中的硅化结晶体会形成各种石眼、石纹，经巧制打磨后极富观赏价值。常见的端砚石品有鱼脑冻、荡青花、蕉叶白、天青、翡翠、金星点、水纹、金钱线和石眼等。端砚的制作十分辛苦，从探察、开凿、运输、选材、整璞、雕刻、打磨、洗涤到装盒，其工序精巧又细致。而制作中如何巧妙利用石材中的石眼、石纹则是使砚石成品身价倍增的诀窍，最著名的"七星端砚"就是其中代表性的名品（图8-1至图8-3）。

图8-2　带星点端砚（选自李回作业）

图8-3　云纹端砚（选自李回作业）

歙砚

　　歙砚产于安徽歙县，也称歙州砚，中国四大名砚之一。其石产于安徽黄山山脉与天目山、白际山之间的古歙州，包括歙县、休宁、祁门、黟县、婺源等地。唐开元年间开始采制，由于其矿物粒度细，微粒石英分布均匀，制砚有发墨益毫、滑不拒笔、涩不滞笔的效果，受到历代书法家的称赞。

　　歙砚石的产地以婺源与歙县交界处的龙尾山（罗纹山）下溪涧为最优，所以歙砚又称龙尾砚，而龙尾山则是大部分存世歙砚珍品的石料出产地。除此之外，歙县、休宁、祁门亦产歙砚。成材的石料一般需要5亿～10亿年的地质变化，其中最适合制砚的是轻度千枚岩化

图8-4　带罗纹的歙砚（选自李回作业）

的板岩，其主要矿物成分为绢云母、石英、黄铁矿、磁黄铁矿、褐铁矿、炭质等；其通常有天然生成的纹理，如金星、眉子、细罗纹、水浪纹等。"金星"融结在砚石之中，形如谷粒，多如秋夜之星星，闪闪发光；"眉子"似的眉毛，粗、细、疏、密，各具神采；"水浪纹"如水的波纹，变化无穷。一方好的歙砚坯，一般都具备如下条件：坚密柔腻、温润如玉、发墨如油、笔毫无损、几无吸水、涤荡即净、寒冬储水不冻、盛夏储水不腐。歙砚的雕刻艺术受到徽州砖雕和木雕的影响，有独特的艺术风格，造型浑朴，大方匀称（图8-4）。

洮砚

　　洮砚出产于古洮州，即现今甘肃省甘南藏族自治州卓尼县境内的洮河上游，于洮河深水中采石，故名为洮河砚、洮砚。洮砚的开采，一说始于唐或更早一些。洮砚老坑石在四大名砚中储量最少，亦最难采集，特级老坑石早在南宋时期就已断采，

现在一块洮砚特级老坑石相当于千年的古董，价值不菲（图8-5）。

洮砚之最早记载见于西晋时期。在黑暗山洞里取石料，匠人先磨出石面花纹，再随纹理造型，制作过程非常辛苦。洮砚历史悠久，在宋初就闻名于世，历代将其作为贡品而出现于当时宫庭或权贵之书房中。金朝诗人元好问就曾有诗曰："县官岁费六百万，才得此砚来临洮"，宋时大书法家黄山谷又对洮砚有"洮州绿石含风漪，能淬笔锋利如锥"的评价，越发证明了洮砚的优异。苏轼《洮砚铭》中"洗之砺，发金铁。琢而泓，坚密泽，郡洮岷，至中国"的题记，更加赞美了洮砚的肤理缜润，色泽雅丽；元明以后的赞誉更多，而且日本昭和十四年出版的《书苑》封面上就刊有"宋洮河绿石大砚"的原物照片，说明洮砚在国外的影响之深，其至今仍在中国、日本及其他世界各国作为珍品使用或馈赠。

图8-5　宋代洮砚（选自李回作业）

红丝砚

红丝砚是以山东天然的红丝石为原料制作的石砚，早在唐宋时即享有盛誉。原砚材出自青州"黑山红丝石洞"，后因其原料枯竭，清代后以临朐老崖崮为主产区。具体而言，红丝砚的天然观赏价值主要有以下几个方面。

图8-6　红丝砚（选自李回作业）

1. 温润如玉的质地：红丝砚温润的石质给人以淡泊宁静的舒适感，一砚在手如握美玉，时常抚摸把玩，则有人石相亲之感。

2. 艳丽多姿的色彩：红丝砚的色彩以红黄为基调，赭、紫等色兼而有之，各具特色，妙不可言。

3. 变化莫测的纹理：画家石可先生曾为红丝砚题刻砚铭"谁持彩练当空舞"，就是对红丝石曲线纹理的形象比喻。红丝砚纹理极具变化，文字、动物、山水、人物等图案都在似与不似之间，使人产生无尽遐思。

4. 古朴自然的形状：呈不规则散装矿体分布的红丝石独立成块，一石一式，形状多样。巧用其自然造型制砚，一方砚台便是一件独特、绝无重复的艺术品。

5. 石眼：红丝石偶有石眼出现，在纯净的红丝石面上，有球形青黑色一体，称之为石眼，其虽不及端砚眼之美观，但亦为一奇。

6. 墨雨：墨雨是指红丝石面上出现的点点墨迹，有的墨迹似宣纸上的泼墨效果，周边有渲染的墨晕，墨雨与红色或金黄的石面相映衬，颇具观赏价值（图8-6）。

9 各有特色的砚石别品

　　根据考古发掘和史料记载，对已知的砚石品种粗略统计，我国的砚石品种有120余种，其分布遍及21个省、4个自治区及2个直辖市。迄今为止，世界上仅有中国、日本等国产砚石，其中以中国砚石品种最多、产量最大、出口创汇最丰。石砚业也是我国的传统手工业，正在开采利用的砚石有58种，约占砚石品种总数的一半。

　　华东地区正在开采利用的砚石有28种，以歙石、龙尾石和红丝石最为著名；华南地区有8种，以端石和天坛石最为名贵，方城石为后起之秀；西南地区有9种，以苴却石最佳；西北地区有6种，以洮河石、贺兰石和嘉峪石最为出名；华北地区有4种，以易水石最为古老；东北地区仅有松花石1种；台湾的螺溪石亦在开采利用中。这里仅列举几类典型的品种。

　　1. 山西澄泥砚为陶砚，唐宋时已是贡品。其精于雕琢，润若美玉，储墨不耗，积墨不腐，冬不冻，夏不枯，用来写字作画虫不蛀（图9-1）。

图9-1　清·含山款螭龙纹澄泥砚

图9-2 梅花巧雕苴却砚（罗氏三兄弟制）

图9-3 苴却砚（马世明制）

2. 四川苴却砚，石质温润如玉，嫩而不滑。叩之有铮铮金石声，抚之如婴孩肌肤般细腻温润者为上品，颜色以紫黑澄凝为最佳（图9-2至图9-3）。

3. 宁夏贺兰砚采用贺兰石，其具有天然形成的深紫、绿两色，相互辉映，色彩鲜明，紫底绿彩，雕刻艺人因石施艺，精心用料，雕出千姿百态的贺兰砚（图9-4）。

4. 贵州思州石砚已有四千多年的历史，有独特的民族风格和地方特色（图9-5）。

5. 吉林松花御砚长期以来一直为宫廷专用，随着清朝覆灭，这一名贵砚石失传。直

图9-4 贺兰砚

图9-5 思州石砚（周氏龙派 图9-6 松花御砚（御题诗砚 清代）
制砚）

图9-7 易水砚（雕青龙白虎朱雀玄武） 图9-8 天然观赏砚石（陈永华收藏）

到1979年砚石制作才得以恢复（图9-6）。

6. 河北易州的易水砚石质细腻，易于发墨，雕刻古朴，相传始于战国，盛于唐代，为各代书法家和收藏家所珍爱。在当代，易水砚出现了前所未有的收藏热潮（图9-7）。

凡质地适合研墨的各类石种其实均有开发为砚石的潜力，当然适合雕琢，打磨后又具砚石之灵气和观赏价值的品种则更佳。但若要成为砚石名品则需历史的沉淀、文化的传承，绝非一朝一夕而成的（图9-8）。

国石鉴赏

第四篇

博彩纷呈的中华观赏石

道法自然的赏石文化

篇首语

石头本是地球上最普遍的存在。山崩地裂、洪水消涨、河流冲刷、沧海桑田，石头依旧，改变的只是它最初的模样。而大自然又是最神奇的造物主，在这亿万年的变迁中，石头千姿百态而风情万种。被称为"观赏石"的石头，自然天成，鬼斧神工，天作人赏，令人叹为观止（图1）。

观赏石之"观"是观看，是直观感受，属于感官层面；"赏"是欣赏领会、心灵感悟，属心智层面。由观到赏，是一个从感性认识到理性认识的过程，一个由表及里、由浅入深的认知过程。观赏石是大自然的杰作，富于变幻而非定型，可以充分调动观赏者的审美情趣和想象力。观赏石是大自然的缩影，观赏石之美是独特的、不能复制的，它所表现出的意象之丰富多姿，早已超出了人们的想象；它所独具的诗情画意，可以毫无愧色地立于艺术品之上。观赏石有着悠久的历史、灿烂的文化、深厚广泛的群众基础。赏石文化源于中国，是中国优秀的传统文化，也是世界文化之奇葩（图2至图5）。

图1 《飘逸》（灵璧石）

图2 《衷心守护》（来宾石）

图3 《寿龟》（灵璧石）

图4 刘江题"观赏石"

图5 《金蟾玉兔》

一、观赏石的赏玩理念

在时光的长河里，世事万象皆如轻烟散尽，唯有石头汲日月精华，聚山川灵气。地球现有45.5亿岁，人类进化史有数百万年，而一个人的一生约100年，如果一块珍贵的石头经过亿万年的自然演变，流传至今，并和我们某个人的短暂人生有缘相遇，您会怎样对待它？雕琢它、破坏它、毁灭它，还是从中感悟人生，感悟自然的伟大，感悟和谐相处的重要？爱石人对待石头是绝对的尊重，将其清洗干净，配好石座，题名配诗，或带在身上，或藏于内室，或供于厅堂，天天抚之，日日念之，视若珍宝，精心呵护，不改变其亿万年天然形成的形与质，甚至绝不在心爱之石上刻字留名。因为石头属于地球，是地球的主人，相对而言，人只是一个匆匆过客。由此可见，观赏石是美丽、质朴、天然的，是大自然的馈赠，现代人赏石是"亲近自然、回归自然"的意识表示！更是"保护资源、爱护环境"的意愿表达！老子说"人法地，地法天，天法道，道法自然"，自然是最高的范本和法则。"道法自然"至少含

图6 《石人》戈壁玛瑙

图7 《天烛》（玛瑙）

有三层意义：一是不以人类私利为中心而对自然环境妄加干预，随意破坏自然的状态；二是人类的一切行为皆应顺从自然，一切按照万物的自然本性运行；三是追求人类的自由自在的精神境界。古人"观象于天，观法于地"，以"天人合一"为最高境界；现代人则要不断努力，终生实践，跨越新的人生境界。为了人类更好生存，我们的思想、行为应"道法自然"，就是要善待地球，保护资源，爱护环境！这就是赏石人的崇高境界，精神寄托，也是赏玩珍贵稀缺的观赏石的真谛和魅力所在。对观赏石的赏玩就是审美发现和文化认知的过程（图6至图7）。

二、观赏石的艺术审美

观赏石是指天然形成的能够承载审美文化活动的石头。上品天然石往往与"人为艺术品"有异曲同工之妙，可与"人为艺术"媲美。许多画家和艺术家观赏后说："不是画展，胜似画展；不是雕塑，胜似雕塑"，大家都把观赏石当作"艺术品"来欣赏。自然界里的观赏石，藏于深闺人不识，被人发现后，经过清洗、鉴赏、命名、配座等一系列过程，就成了人见人爱的"美石"了。尽管这样的过程有一定的人为成分，但其本质主体还是"天作"，是大自然造就的。观赏石的艺术性是人发现、认识、理解的，凭借发现者的艺术修养和艺术鉴赏力，赋予其艺术性。观赏石更像我们"人"自身。人的出生可谓是"自然天成"，人在社会生活中要穿着打扮，经过教育学习，后天的生活、学习、阅历赋予人的气质、风度和文化内涵。人的丽质天姿是先天赋予的，服装打扮是人为附加的，风度、气质是环境培养的，文化知识是学习获得的。所以说，人本身就是先天与后天相互作用的结果。天资再好，不学无术也是枉然；后天再用功，先天不足也难完美。同样，观赏石也好比人，修饰配座是给它穿衣套鞋，题名赋词是为了增加文化内涵，提升品位，宣传参展是为了提高知名度、美誉度。观赏石通过人们的发现，文化认知，品位提升，而成为有"艺术性"的天然石体，具有"天人合一"的特征。观赏石与石雕艺术、玉雕艺术、盆景艺术、树根艺术、插花艺术也不同，后者是借助天然材料，通过专业艺术家的创作，改变材料造型，创造出的新的艺术品。观赏石更注重天然属性，更多在文化审美的角度去发现和认知，而不是去改变创造，此是观赏石与其他艺术品的本质区别所在。天作人赏的观赏石具有艺术性（图8至图10）。

图8　柴松岳题"石人合一"

图9　《寿桃》（火山球石）

三、观赏石的文化内涵

　　人类最早的劳动工具是石头，最早的饰物是石头。在漫长的石器时代，人与石头相依相伴，"女娲补天""精卫填海"等神话传说赋予顽石以灵性。自古以来，观赏石深受文人雅士喜爱，被誉为"立体的画、无声的诗"，每一方观赏石都是大自然鬼斧神工的结果，每一方观赏石都似一幅画、一首诗、一曲诗情画意的乐章。观赏石因无声而平实恬淡，因凝固而悠远永恒，面对美妙的观赏石，"道是无情却有情""此处无声胜有声"。所谓"园无石不秀，斋无石不雅，厅无石不华，居无石不安"，观赏石与生活相伴。因石的品格——寿、坚、安、实，内灵外美，文人雅士赋予"石"以象征意味和人格特征：石之历史悠远，是为长寿的象征，雅称为"寿石"；石质坚硬，常让人比德于石——"石可破也，不可夺其坚"；石性沉静，不随波逐流，被借称于朋友之间的牢固友谊，谓之"石交""石友"；观赏石常见于斋阁

图10 《青白一生》矿物晶体

厅堂正中的案几上，左摆花瓶，右供奇石，就是寓"平安"之意。

远在石器时代早期人类对石头就有崇拜心理。第一件石制工具的诞生，是人与猿的分界点，是人类起源的标志。随之，人类制作出石斧等各式各样的石器，提高了与大自然斗争的能力。就物质形态而言，最先沟通人与自然的恰恰就是石头。人类在对石头的崇拜心理中，逐渐衍生出各式各样的石崇拜文化。石崇拜是原始宗教自然崇拜的一个组成部分，石崇拜是遍及全球的文化现象。它萌生于远古，至今在世界各地仍有许多遗留，如英国的巨石阵、法国布列塔尼石阵、智利复活节岛上的石人、我国西南部分民族的石文化崇拜，等等。

人类经历了石器时代、青铜器时代、铁器时代等，石头在人类文明发展史上功不可没。"我们地球自从有人类以来，人类在不断地探求地球之来历，生命之起源，我们叩问苍天，苍天无语，叩问大地，大地无言。我们叩问石头，石头给了我们许多精彩绝伦的答案。我们从地上的石头，一直问到太空的石头，跑到月球上乃至接

图11　启功书法题"抱朴含真"

图12　陈少梅夫妇画《寿山福海》

近火星，去探求大自然宇宙的生命的奥秘，所以石头可以说是凝聚了自然的精气神，糅合了人类的文明、文化和进步。"

　　石友提倡"过程赏石、文化赏石、快乐赏石"，以"道法自然"的思想理念，认为赏石是人们"亲近自然、回归自然的意识表示，保护资源、爱护环境的意愿表达"，倡导与石为友、以石交友，追求"石人合一"的崇高境界，以"石敢当"精神，"做到位、玩到家、雅到底"的理念赏玩石头（图11至图12）。

10 赏石故事

作家叶文玲 "送您一座昆仑山·石不能言最是诗"

我一直愿意对石头津津乐道。石不能言最可人，我写过一篇题目豪迈的散文《送你一座昆仑山》。其实，这句气壮山河的话，是送我石头的战士讲的。1984年秋，我应中国人民解放军总后勤部之邀沿青藏线访问部队，从北京乘火车到西宁后，就坐着部队的吉普车连日奔波，一路真像行军般紧张。但秉性难改的我，在格尔木奔走于千里戈壁时，一见沙漠或砾石地中有什么可心的小石头，总要下车去捡。开车的司机小伙察觉了我对石头的爱好，豪爽地说："这些小石头您就不要捡了，回去时我们送你一座昆仑山！"

到了我们住宿的军区大院，司机小伙便领我去看前些年在院子堆假山时剩下的一堆石头——天，这是怎样美丽的石头！一块块石头形状奇崛，花纹和色泽都很别致，分开看，也许算不了什么，可当我将它们按自己的心意摞在一起时，那"效果"就出来了——真是一座昆仑山！

临行前我将新疆葡萄干、兰州的美味水果统统都舍弃了，两个大纸箱装回来的就是这座"昆仑山"！这座昆仑山曾在我的书架上变

图10-1　宝石山下叶文玲家堆起一座"昆仑山"

图10-2
叶文玲家中赏石

图10-3　叶文玲藏石

着形式堆了许多年，每当在写作倦怠时会朝它瞄上一眼，真如喝茶或听音乐一样提神醒脑，那股惬意的滋味，更像是守着添香的红袖，面对尘世的知己。不久，我将《送你一座昆仑山》成文并发表于报刊，来过我家的朋友们也都要看看这座"昆仑山"，架不住对方的夸赞，在逐一拱手相让时我总要美滋滋地再自我表扬一句："眼力还可以吧，好石头就是一首诗！"

一点也不错，因为是诗，我愿意与朋友分享。石不能言最是诗，人若有情石亦知（图10-1至图10-3）。

美学家王朝闻"石者实也"与《石道因缘》

　　1997—1999年王朝闻老先生曾三次到浙江省观赏石协会"西湖奇石馆",交流探讨观赏石审美等问题,并题词:"石者实也,一九九七年四月与友人参观西湖奇石馆,负责同志与我共议陈列方式与命名等问题,甚感愉快,王朝闻"。此成了浙江石友的石道因缘。

　　王朝闻老先生晚年赏石,创立了赏石美学,2000年6月浙江人民美术出版社出版《石道因缘》,此为当代第一部赏石美学专著。王朝闻的赏石美学实质是建立对自然的审美关系,文中开篇明义:"石居人外,人在石中;相击相和,创造对方。"一下子点明了人与石的关系。赏石是自然客观的审美过程,观赏者悟出石头之美,建立起心与物之间和谐的审美关系。在赏石活动中,王老强调赏石者的主体性,重视从石中发现美,并指出观赏者和观赏石之间存在着互相抵触和相互适应的种种矛盾。正是在互相抵触和相互适应的关系中,二者相互创造着对方,发展着对方。德高望重的美学家为何如此重视石文化,又为何将赏石者和观赏石之间的审美关系作为探讨的主旨?从他论石的字里行间看出,王老对观赏石的喜好,往往有一种不自觉甚

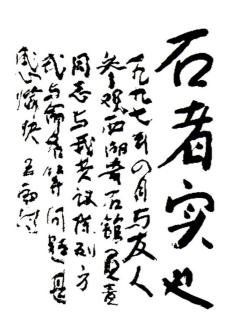

图10-4　王朝闻书"石者实也"　　　图10-5　王朝闻的石道因缘

至说不出理由的偏爱。可能有人与人之间的友情或人与自然环境之间的偶合机缘在起作用。但也不尽然，要是只有人与人之间的缘分而石头不美，也不能构成人与石之间的美好机缘。

《石道因缘》是他最后一部专著，厚厚的一本，图文并茂，图中的石头是王老从其藏品中精心挑选的，如有一方"之"形灵璧石是浙江省观赏石协会送给老先生的，他在书中写道："凝固了的石头虽不能弹跳，但从他的正面来看，三叠式的基本形态显出的动势，能使人联想起行书的'之'字或楷书的'之'字少了一点。"不过，此石像不像某个字并不重要，重要的是它那多变的局部，和上引米芾论书法的美——"真有飞动之势"的论点相吻合。观赏石和雕塑以及书法艺术之间，也存在着内在联系。观赏石非艺术品，但具有艺术性（图10-4至图10-5）。

英石"绉云峰"的恩情故事

杭州江南名石苑有"绉云峰"，高2.6米，"形同云立，纹比波摇"，极绉、瘦、透之妙。石背刻有"具云龙势，夺造化功"，腰部有"绉云"二字。此石看去像个将军，它与上海豫园的"玉玲珑"、苏州的"冠云峰"，被清代文人评为"江南三大名石"。"玉玲珑""冠云峰"是太湖石，而"绉云峰"则是广东英石。那么，"绉云峰"这个南粤奇宝，为什么会来到浙江的呢？这里有一个真实而且带有传奇色彩的故事：明朝末年，浙江海宁查继佐是个举人，有一天他看到一个年轻乞丐在风雪中哆嗦，就热情地请乞丐到家中避寒，并且酒食招待，赠送棉衣。事后他也就忘了。不料，后来又在杭州孤山相遇，乞丐名叫吴六奇，广东人，查继佐又赠送其盘缠，助吴六奇回乡。

若干年后，已经是清代初期，吴六奇发迹，做了广东提督（相当于如今的省军区司令）。吴六奇不忘查继佐之恩，盛情邀请查继佐到广东一游。查继佐一到，吴六奇跪接，迎进官衙，百般优待。有一天，查继佐在府中花园里散心，突然看到有块奇石矗立，此石就是"绉云峰"，查继佐是个文人，很有艺术修养，见此石如遇知己，一赞三叹，十分喜欢。又过了些时日，查继佐回到浙江海宁家中，他惊奇地发现，"绉云峰"居然已经立在自己的后花园里了！原来吴六奇一知道恩人欣赏那奇石，立即派人将"绉云峰"用大船千里迢迢运送到浙江。

查继佐助人于落难之时，吴六奇发迹不忘恩人。这故事有意义。"绉云峰"在数

图10-6 绉云峰题刻

图10-7 绉云峰（英石）

百年里饱经沧桑，数易其主。清道光年间，桐乡人蔡文广花了一千两白银才买下它，可见其价值不菲！蔡文广不放在自家后花园，而置之于福严禅院，任人观赏，也是此奇石的又一大知己！1963年，"绉云峰"被移到杭州花圃掇景园。二十世纪九十年代又移到岳庙旁边新建的"江南名石园"，供游人欣赏（图10-6至图10-7）。

"三生石"的典故

　　"三生石"位于杭州三天竺法镜寺后之莲花峰东麓，是西湖十六遗迹之一。该石高约10米，宽2米多，峭拔玲珑。石上刻有"三生石"三个碗口大小的篆书及《唐圆泽和尚三生石迹》碑文，记述"三生石"之由来（图10-8至图10-10）。

　　唐代隐士李源，住在慧林寺，和住持圆观交好，互为知音。两人相约去四川峨眉山游玩，圆观想经长安，从北部陆路入川。在李源的坚持下，两人从长江水路入川。在路上遇到一个怀孕三年的孕妇，圆观看到这个孕妇就哭了，说他就是因为这个原因不愿意走水路，因为他注定要做这个妇人的儿子，遇到就躲不开了。他和李源相约十三年后于杭州三生石边相见。当晚圆观圆寂，孕妇也顺利产子。十三年后，李源如约来到三生石边，见到一个牧童唱道"三生石上旧精魂，赏月吟风莫要论。惭愧故人远相访，此身虽异性长存"。李源与之相认，牧童说他就是圆观，但是尘缘未了，不能久留，唱道"身前身后事茫茫，欲话因缘恐断肠。吴越江山游已遍，却回烟棹上瞿塘"，唱完就离去了。

有人说，中国人都十分看重情义，和尚圆观以"三生"酬报李源的友谊，其情之高，其义之厚，无法衡量。实际上，和

图10-8 "三生石"简介碑文

图10-9 三生石亭

图10-10 "三生石"全景

尚圆观告诉李源此事，只是让他相信人的轮回，相信三世因果。三生，其实就是人的三次轮回，石头，象征"坚固"，坚定的信念。

"三生石"的传说如此美妙，但究其本质亦属虚幻之说，从哲学的角度来看，关于"三生石"的传说其实是反映了中国人对于生命永恒、真性不朽的看法，而正是通过这种"轮回"与"转世"的观念，中国人建立了深刻的伦理、生命乃至于宇宙永恒发展变化的理念。中国的这种理念对我们的思想意识，乃至于日常生活都影响至深。

"和氏璧"之千古之谜

历史上"还璧归赵"的故事中的璧就是指的"和氏璧"。自秦王制玺至传国玺失踪，历经约20余个大小王朝的110余位皇帝，传国玉玺失传至今已1000多年，已成千古之谜。

据浙江宝石研究所教授、桂林工学院院长袁奎荣和桂林工学院邓燕华教授多年对传国玺——和氏璧的原料、图形考证："和氏璧"的原料是变彩拉长石，尺寸为9.28厘米的方形螭虎纽，玺文是鸟虫书"受命于天，既寿永昌"（图10–11）。

从常理来说，能做成玺的大小，上面还能刻有字样和浮雕，绝不是单晶组成的"宝石"（指狭义宝石）所能为之，也就是说只能是多晶体组成的"玉石"。那么是哪种"玉石"呢？现在能找到的依据：一是唐代《录异记》中描述和氏璧是："岁星之精，坠于荆山，化而为玉，侧而视之色碧，正而视之色白。"二是元代《南村辍耕录》中摘引的话："传国玺色彩青绿而玄，光彩照人。"还有一依据是"完璧归赵"中秦王的话：世上竟有这样绝妙的东西！美轮美奂，光彩艳丽。其大臣见到这稀世之宝无不称奇。这说明和氏璧至少有以下几个特点：（1）和氏璧从不同方向看颜色不

图10–11 和氏璧制成宝玺的取材猜想

同。（2）具有玄光，即宝石学上所说的"晕彩"。也就是说在转动过程中同一部位因光线强弱变化而导致颜色变化。（3）这个宝石是稀世之宝，过去从未见过。

到目前为止只有变彩拉长石、变彩蛋白石和月光石具有"玄光"的特点。袁教授在综合前人所述的基础上并运用矿物学、地质学和宝石学知识，做了一些研究：

"和氏璧"的原料不是软玉、蛇纹石玉（蓝田玉）、绿松石、月光石等，也不是变彩蛋白石。"和氏璧"的原料是变彩拉长石。变彩拉长石的变彩只有在以下三种情况下才能见到：

1. 拉长石内部必须具平行板状的薄层双晶和出溶结构面。应该说这种情况在拉长石中并不少见，只不过我们无法将拉长石放置在显微镜中观察其是否具有薄片状双晶而已。

2. 只有使拉长石露出平面平行双晶结构面和出溶结构面时才能见到变彩，而呈现变彩的方向无一例外都看不到双晶结合面。

3. 这种变彩只能在两组解理面或抛光面上才容易看清楚，在岩石露头或标本上一般是看不见的（仔细的人可在解理面上见到微弱的变彩）（图10-12）。

卞和是在解理面上看到这种变彩才认为它是宝贝的。所谓"玉人理其璞"是将一个面磨平甚至抛光后才可能认识到。一般来说，对于没抛光的原料，仔细的人有

图10-12　变彩拉长石

图10-13　和氏璧制成宝玺的模拟复原

时可在解理面上见到微弱变彩，一般情况下则不易见到。战国时代人们对软玉、绿松石和蛇纹石玉已具有很多知识，但对长石质宝石却毫无认识，所以虽然卞和看到了这种变彩现象，从而认为其是宝贝，但一般玉人则不易发觉，此事使卞和失去双腿，直到第三次进献，秦昭王才认为其为稀世之宝。

　　关于传国玺和氏璧之玺文，《隋书·仪礼志》《南村辍耕录》和《玉玺谱》及《汉书》中都说玺文是"受命于天，既寿永昌"。"受命于天"乃是代表了至高无上的权力；"既寿永昌"则说明皇朝久长、人民丰衣足食，人丁兴旺，百禾茂盛。玺文的字体是鸟虫书。秦代鸟虫书不是一种通行的文字，仅见于玺印。这种鸟虫书形如鱼龙凤鸟，生动庄重。玺印独皇帝所有并代表皇帝至高无上的地位。纽有螭虎、龟、鼻（瓦）三种纽式，皇帝一般用螭虎纽，因为龙、虎象征威武和权力，而下属用鼻（瓦）纽。《文献通考》中说传国玺用的是螭虎纽。自秦以后玺的形状都定形为方形（正方形），四方实际上是代表东南西北四方国土，亦即皇帝管理天下四方领土。许多史籍提到传国玺的大小，如《隋书·礼仪志》《北齐书》《文献通考》均称传国玺"方四寸"，那么秦代的四寸相当于现代的多少呢？现在只能根据出土文物来估算：河南洛阳金村曾出土东周铜尺，长23.1厘米，满城汉墓出土西汉错银铁尺长23.2厘米，北朝尺长29厘米，唐承隋制每尺长30厘米，宋尺长31厘米，明尺长32厘米，清尺长32.05厘米。这其中"汉"离秦始皇时代最近，所以用1尺约等于23.2厘米比较合适，4寸即为9.28厘米。

　　因此，袁教授根据多年研究成果制作了"和氏璧宝玺"，并留予家乡的中华石景园中永久保存（图10-13）。

11 名石欣赏

中华观赏石，装点大雅之堂

灵璧石

灵璧石为隐晶质石灰岩，摩氏硬度4～7，形成于8亿年前，主要产于安徽省灵璧县磬云山。灵璧石主要特征可概括为"三奇五怪"，"三奇"即色奇、声奇、质奇，"五怪"即瘦、透、漏、皱、丑。久玩有包浆。灵璧石分黑、白、红、灰四大类一百多个品种，以黑色最具有特色。观之，其色如墨；击之，其声如磬；其形或似仙山名岳，或似珍禽异兽，或似名媛诗仙。灵璧石的开发已有三四千年的历史，《尚书·禹贡》载"泗滨浮磬"；宋人杜绾在《云林石谱》中汇载石品116种，灵璧石位居首位。"灵璧一石天下奇，声如青铜色如玉"，乾隆帝誉其为"天下第一石"（图11-1至图11-4）。

图11-1 《大展宏图》
（灵璧石）

图11-2　《勇立潮头》（灵璧石）

图11-3　《乐山大佛》（灵璧石，杨广发先生收藏）

图11-4 《伊丽莎白侧像》（灵璧石，杨广发先生收藏）

太湖石

　　太湖石以产于太湖周边地区而得名。各地由岩溶作用形成的千姿百态、玲珑剔透的碳酸盐岩，统称为太湖石。太湖石属于石灰岩，多为灰色，少见白色、黑色。石灰岩长期经受波浪的冲击以及含有二氧化碳的水的溶蚀，逐步形成了太湖石。太湖石分为水石和干石两种。太湖石造型奇特，形状各异，中空剔透，具备"皱、瘦、漏、透"之特征，是营造园林的佳石，太湖南岸湖州城西北9公里的弁山，盛产太湖石。三大历史名石中的苏州留园的"冠云峰"、上海豫园的"玉玲珑"，两块是太湖石，均采自湖州弁山。白居易曾写有《太湖石记》专门描述太湖石，《云林石谱》中亦有专门记载，两宋时太湖石曾被作为特殊贡品呈送宫廷（图11-5至图11-6）。

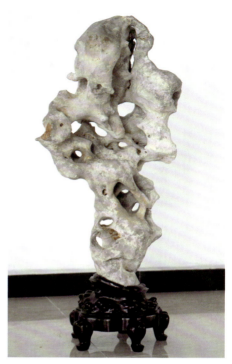

图11-5　《亭亭玉立》（太湖石）

英石

　　英石是沉积岩中的石灰岩，摩氏硬度为4，主产于广东北江中游的英德山间，分为阳石和阴石两大类。英石本色为白色，因为风化及富含杂质（如金属矿物铜、铁等）而出现多色泽，石质大多枯涩，以略带清润者为贵。英石具有"皱、瘦、漏、透"等特点，极具观赏和收藏价值，为中国四大名石之一。广东英德市岩溶地貌明显，山石较易溶蚀风化，形成嶙峋褶皱之状；兼之日照充分、雨水充沛，暴热暴冷，山石易崩落于山

图11-6　《龙起云根》（太湖石）

图11-7 《腾龙》（英石）

图11-8 英石

谷中，经酸性土壤腐蚀后，呈现嵌空玲珑之态，英石具有悠久的开采和赏玩历史。三大历史名石中的杭州江南名石苑的"绉云峰"就是英石（图11-7至图11-8）。

昆石

昆石，又称昆山石，摩氏硬度为7，因产于江苏昆山的玉峰山而得名。昆石的岩性是白云岩，系石英脉在晶洞中长成的晶簇体，呈网脉状，洁白玲珑，少见大材。昆石毛坯外部有红山泥包裹，须除去酸碱。昆石天然多窍，色泽白如雪、黄似玉，晶莹剔透，形状无一相同。昆石有数十个品种，昆石的开采、观赏、珍藏，可追溯到西汉时期，至今已有2200余年历史，昆石受到历代文人雅士的喜爱，为中国四大名石之一（图11-9）。

图11-9 昆石

图11-10 《天地之间》（大理石）

图11-11 《熊猫》（大理石）

大理石

大理石，又称云石，主要产自云南大理点苍山。大理石是碳酸钙质的变质岩，在大理海拔3000多米的高山上，其矿脉成带状蕴藏在山腰。其母岩为白色，在各种矿物质致色元素的渗透、晕染作用下呈现纹层、条带、团斑等深浅不同、五彩缤纷的纹理，石上有风花雪月、山水云烟、动物植物等朦胧、写意的图案。大理石质地细密，花纹美观，色彩绚丽，经过打磨，光滑如玉，具有很高的观赏价值。而且同类石灰岩在全世界都叫大理石，既是建筑和制作工艺品的材料，又是很好的观赏石（图11-10至图11-11）。

黄蜡石

黄蜡石，其原石主要为石英岩，包括乳石英、蛋白石和次生石英岩等，摩氏硬度为6.5～7.5。主要产于两广地区，分布于第四纪冲积层的卵石滩中，属于砂石料开采过程中发现的有观赏价值的副产品。黄蜡石的颜色有黄、白、红等，由于其中二氧化硅的纯度、石英体颗粒的大小、表层溶融的情况不同，黄蜡石可分为冻蜡、晶蜡、油蜡、胶蜡、细蜡、粗蜡等。黄蜡石质地坚硬细腻，石表光洁度好，触感爽

图11-12　浙江黄蜡石

图11-13　《醒狮》（戈壁石）

图11-14　《水晶鞋》（戈壁石）

滑柔润，色泽金黄，浑厚沉着。石形千姿百态，既富有局部的自然野趣，又显现出整体的静雅华贵。天然包浆好的无需刻意养护。体量一般在3～50厘米，宜于点缀庭院和厅堂，久经把玩，包浆滋润，极富灵气（图11-12）。

戈壁石

戈壁石，因产在戈壁滩而得名，化学成分为二氧化硅，摩氏硬度为6.5～7，色泽一般为半透明到不透明之间。戈壁石多为玛瑙质，造型生动，色泽缤纷，质地坚硬细密，光滑圆润。经过几千万年的大漠风沙吹去了其棱角，把石头表面吹得光滑细腻，其中被称为宝石光的是戈壁石中的精品，是石英的隐晶质集合体（玉髓）。戈壁石大约可分为五大类：玛瑙、沙漠漆、碧玉、硅化木和戈壁玉（图11-13至图11-14）。

大化石

　　大化石是大化彩玉石的简称，因产于广西河池的大化县而得名。大化石形成于约2.6亿年前，属海相沉积，原岩为二迭系、三迭系地层的硅质岩，石质结构紧密，摩氏硬度约6～8。大化石色彩艳丽古朴，其成因在于岩石受水中溶解的多种矿物如铁锰离子色素的浸染所致。在漫长的地质年代中，由于地球内力和外力的作用而发生质变，形成硅化程度更高、结构更紧密、玉化更好的大化石种。大化石的主要特点是色彩斑斓，石质坚硬、石肤润滑，富有宝气，形态万千，水洗度好，石头手感好，光泽度强，颜色鲜亮。大化石是石中的珍品，观赏石中的奇葩（图11-15）。

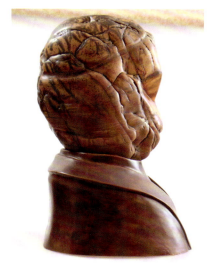

图11-15　《金猴》（大化石）

彩陶石

　　彩陶石，又称为马安石，属沉积岩，以硅质粉砂岩或硅质凝灰岩为主，摩氏硬度约5.5，产于柳州合山市马安村红水河十五滩。彩陶石有彩釉和彩陶之分，石肌似瓷器釉面者称彩釉，无釉似陶面者称彩陶。彩陶石中有纯色石与鸳鸯石之分，鸳鸯石是指双色石，鸳鸯石以下部墨黑、上部翠绿为贵。三色以上者又称多色鸳鸯石，色分翠绿、墨黑、橙红、棕黄、灰绿、棕褐等色，俗称"唐三彩"。彩釉石多见平台、层台形，石形以多边形的几何形体居多，水洗度高，表面光滑细腻。彩釉石一般以豆绿、灰色、墨色为常见，以绿色为上乘。不求形异，尤重质色（图11-16）。

图11-16　彩陶石

草花石

草花石，俗称国画石，产于广西来宾市黔江下游。草花石原岩系距今2.5亿前二迭系底部岩石，该层位的岩性是：上部为暗红色硅质灰岩，下部为暗蓝灰色钙质硅质岩和硅质灰岩，风化后呈黄灰色、灰白色。这是草花石最多的层位，摩氏硬度3～5。草花石于1996年发现于广西境内，一般用爆破法开采，获得的石料需经过切割打磨，才呈现出清晰画面。石上不同的色彩由沉积岩形成，在成岩阶段得到致色物质的渗透，或自身染色离子以辐射方式析出，从而形成不同的画面。草花石因石上画面多呈现单色或多色彩的草花状图案而得名，也因其具有浓郁的中国画笔墨意趣而被称为国画石（图11-17）。

图11-17　荷塘方章-草花石

石胆石

石胆石产于广西柳州地区，该石属碳酸钙结核，摩氏硬度为4～5度，呈深红、黄、黑、青灰等色调，造型千姿百态，以圆形为多见，

图11-18　弥勒佛-石胆石

图11-19　石胆石

因而得名。石胆石有水石胆和山石胆之分。水石胆产于柳州地区的红水河中，质坚，光滑润泽，圆滑无棱；山石胆主要产于山区，质坚略脆，石形奇特，粗犷古朴（图11-18至图11-19）。

崂山绿石

崂山绿石，矿物学名称为蛇纹玉，主要矿物组成是绿泥石、镁、铁、硅酸盐，杂有叶蜡石、蛇纹石、角闪石、绢云母、石棉等，产于山东省青岛市崂山东麓仰口湾，佳者多蕴藏于海滨潮间带。其质地细密，晶莹润泽，有一定的透明度，色彩绚丽，以绿色为基调，有墨绿、翠绿、灰绿，以翠绿为上品，具有玉石的性质，含翠，散荧光，光洁细腻，硬度适中，并有色彩多变、质地多变、结晶形体多变的特点。主要观赏其色彩、结晶和纹理。崂山绿石分为水石和旱石：水石承受亿万年海水冲击浸透，光莹油润；旱石则风蚀日剥，虽粗疏单调却尽显古朴，未曾雕琢的表面呈现潮水般纹理。宋元时崂山绿石已用于案头清供及制作文房用具，用崂山绿石制作的"墨砚"曾名扬天下；至清代，崂山绿石成为贡品（图11-20）。

图11-20 《年年有余》（崂山石）

图11-21 《青山绿水》（九龙壁石）

九龙壁石

九龙壁石又称华安玉，产于福建省，主要成分为石英、长石及透辉石、透闪石、阳起石等，经硅化重新结晶而成。其结构紧密，质地细腻，岩石种类和岩石结构多种多样，主要以燧石条带灰岩和变质岩为主，硬度甚高，质地坚韧，产量丰富。因河段而异，九龙壁石色彩多样，七色俱全，以褐色、青绿、黑灰、青色和杂色条带者为常见。九龙壁石密度高，吸水率几乎为零，遇水后不变色，不易附着污物，使用中不易产生划痕，这是一般花岗岩不能比拟的。它的形成一是由于地壳运动导致条带状硅钙质角岩产生强烈的扭曲；二是经亿万年激流冲刷，质地较软的钙质等部分被冲掉，而质地坚硬的硅质留下，便形成了凹凸明显、沟壑纵横的肌理，犹如国画中使用的"皴法"，趣味十足，视觉效果好（图11-21）。

天竺石

天竺石因产于浙江杭州天竺山而得名。杭州天竺山钟灵毓秀，云影山岚，曲涧淙淙，主峰在西湖之西偏南约5公里处，海拔412.5米，特别是下天竺附近的莲花峰一带古时盛产天竺石。该石晶莹清润，嵌空剔透，玲珑隽逸，石体棱角分明，俊美秀丽，是与太湖石风格类似的观赏石，为我国著名的园石。天竺石自唐朝始就享有盛名，白居易在《太湖石记》中就有"石有族聚，太湖为甲，罗浮、天竺之徒次之"

之说。天竺石也是达官贵族、文人骚客争相拥有的珍宝，像白居易、苏轼这两位杭州的"父母官"都曾与天竺石结下不解之缘。白居易在杭州做了三年刺使，任满离去时，别无他求，仅取两片天竺石。产于杭州灵隐飞来峰南坡的天竺石"青莲朵"，由乾隆帝题名，后被运送至北京置圆明园内，1920年移至中山公园，青莲朵为该园四大名石之一。天竺三生石，还有个"三生践约"的故事（图11-22）。

图11-22　《龙头》（天竺石）

石笋石

石笋石产于浙江常山，主要分布于青石镇砚瓦山一带，又称白果石、虎皮石、松皮石、鱼鳞石、剑石等。石笋石是奥陶系海盆沉积的瘤状灰岩，经历了层理与劈理的交错切割和后期的风化淋蚀作用，瘤状灰岩多呈柱状产出，在地表风化、钙质流失后，形成蜂窝状或串珠状空洞，刚健挺拔，似石笋茁壮而出，故称石笋石。石笋石是风格独特的假山石，最宜布置庭园，置于树木、竹林之侧或矮树花丛中，或水榭、沼池之旁，尤以置于墙边形成的小空间最宜，配置中皆以修长矗立者为主体，形成大

图11-23　石笋石

小各异、高低顾盼、错落有致的格局。该石高可达4～5米，形状以长者为佳，天然石笋石产量稀少，较为珍贵，是园林装饰的上等景观石。明代永乐年间，石笋石凭借修长的外形和淡雅的气质，与翠竹搭配成"竹石"造型，移入故宫御花园。丛竹间有七块形体修长、外形如笋的石笋石。北京颐和园排云殿前"十二生肖石"中的

龙石与蛇石，也取材于石笋石。可以说，常山石笋石是京城园林中的一朵奇葩，并与清代名人郑板桥结下了不解之缘（图11-23）。

松化石

　　松化石是在亿年前的中生代白垩纪时期，由于地壳的裂变、地层的升降及火山运动等原因，使松树等原始林木被厚厚的泥沙所埋没，经地层压力与热力和二氧化硅溶液长时间侵蚀，植物纤维被沉淀的二氧化硅填充置换，树木逐渐硅化，而形成的木形硅质岩石。地质学上称其为硅化木，当地百姓称其为松化石或松石。松化石主要产于浙江省金华、衢州、绍兴一带江河流域的永康、武义、东阳、磐安、兰溪、嵊州、新昌等地。该石表面树木纹理清晰，横截面有树的年轮，颜色各不相同，体量大小不一，最长的达十多米。松化石大致可分为山石和水石两大类，山石是指出土于泥土之中的松化石，通常纹理纵横，石结明显，形状粗犷，形体较大，适宜放在公园或花园中供人欣赏。水石多产于江河之中，是山石滚落河中，经洪水、泥沙冲刷而成，质地圆润光滑，佳者温润似玉，石表包浆自然，肌理色彩丰富，色

图11-24 《螺旋式上升》（松化石）

图11-25 松化石

泽秀丽，五彩斑斓，极具观赏性。松化石颜色千奇百怪，红、黑、黄、棕、诸色皆有，遇水，石表透逸晶莹。水石一般较小，适宜把玩、清供。在永康世代流传着关于"道仙马自然指松化石"的古老传说：唐建中元年（780）八月十五日，仙人马自然自桐霍山回永康城北延真观，指庭前松曰："此松已三千年矣，不能化龙，当化为石。"言毕，顿时风雷大作，古松震作数段，皆成石。古代"指松化石"和"降龙木"的典故就出于此。十年树木，百年树人，千年成仙，万年化石（图11-24至图11-25）。

丹玉

丹玉属硅质岩玉，是一种出产于浙江以玉髓为主要成分的玉石，隐晶质结构，粒度0.1～0.02毫米，密度为2.60～2.70，折射率为1.53～1.55，摩氏硬度为6.5～7，其主要成分二氧化硅含量在92%～96%左右。对照国家标准《珠宝玉石名称》（GB/T16552-2010），丹玉与黄龙玉的宝石学特征和矿物学特征基本一致。丹玉有山流水、草皮料和山料等，以黄色、红色为主色调，并有白色、黑色、紫色、灰色等多种色彩和金包银、银包金、金包铁等多色伴生，色彩丰富、质地纯净、温润细腻、妩媚亮丽，玉化好、水头足、韧性高、易雕琢，不论是原石还是雕刻作品，均美轮美奂，极具美感，深得浙、闽、粤等地收藏者的喜爱。相传黄帝曾在缙云仙都铸鼎炼丹，乘龙升天，此为黄帝炼丹之遗物（图11-26至图11-27）。

图11-26　《皇帝》（丹玉）

图11-27　丹玉

图11-28　《举重》（火山球石）　　　　图11-29　《寿桃》（火山球石）

火山球石

　　火山球石是缙云的特色观赏石，量大形多，主要分布在东方镇的岩腰、皋头、马鞍山一带及五云镇仙都景区等地，分布面积约100多平方公里。火山球石分为水冲石和山石两大类。火山球石因受风化剥蚀而散落坡地土层或进一步滚落溪河中，并受水流滚磨而堆埋于河滩边。其造型一般浑圆饱满，石皮已被冲磨润滑，具有很高的观赏、收藏价值。部分石球或石泡，由于硅质溶液的充填与凝结，球体内及球表面往往有石英、水晶（透明石英）、玉髓或玛瑙的纹理，被河水沙石冲刷后，球石表面坚硬的石英线、玛瑙线以及其他附着物构成了丰富多彩的图案，有的是平面的，有的是浮雕状的，有白色的（石英）、黑色的（玛瑙）、紫色的（水晶）、黄色的（铁质浸染），变化万千。部分石球经撞击、沙石冲刷破开后，球内可见不同颜色的硅质矿物结晶和玛瑙纹，并形成有似山水、人物、动植物、花鸟、文字等千姿百态的图案石；其中由多个火山球石相互黏合、挤压变形而构成形态各异的火山球体，像花生、葫芦、禅形、瑞兽、神龟等神形各异、栩栩如生的观赏球石（图11-28至图11-29）。

瓯江石

　　瓯江石主要产于浙江省丽水、温州地区的瓯江。瓯江是浙江省的第二大水系，滩陡水急，上游地质结构变化大，有岩浆岩、变质岩、沉积岩等，经亿万年的风化、冲刷、搬运，千姿百态、色彩斑斓的河卵石散落在八百里瓯江两岸。地处瓯江中游的青田，大小石滩星罗棋布，有的绵延数公里，是瓯江石的主要采集地点。瓯江石的品类较多，质地有火山岩、石英、玛瑙、玉质等，品种有黄蜡石、彩陶质石、锦纹石、卵石等，有图纹石，也有造型石，并以图纹石为主。瓯江图纹石质色较佳，纹路细腻流畅，线条曲折多变，形成似雪山初融、瀑流飞挂、山水树木、飞禽走兽等图案，妙趣横生，生动传神。造型石以黄蜡石、彩陶质石为主，形态圆润自然，色彩艳丽夺目，造型多端，有似山水、人物、动物者（图11-30至图11-31）。

三江石

　　三江石是产于广西龙胜县及三江县的卵石石种，摩氏硬度为7，石质坚硬，色彩艳丽，造型奇特，石种丰富。三江石中有造型奇特的

图11-30　《人生如意》（瓯江石）

图11-31　《运动》（瓯江石）

图11-32　《红霞》（三江石）

景观石、文字石、人物及动物等象形石，以及卵石中形成的斑纹图案浮雕等；除彩卵石和蜡卵石之外，还包括黑卵石类、铁卵石类、梨皮石类、藻卵石类、层状卵石类等7个大类26个亚类石种（因11-32）。

图11-33 《如意枕》（来宾石）

来宾石

来宾石，又称来宾水冲石，产于广西来宾市内的红水河中，以灰质岩石为主，内含有燧石、核灰石和灰岩，摩氏硬度约6。该石质地坚实细腻，石肤光滑，带有金属光泽；色泽古朴沉稳，以黑、黄、青灰为主色调，纹理清晰，构图巧妙；来宾石品类多，其中以纹石最为珍贵。整体石形显得稳重大方，具有特殊美感（图11-33）。

大湾石

大湾石以产地大湾乡而得名，属水冲石的一种，是经过河水长期冲刷浸润而形成，质地细滑光润，摩氏硬度约5 ~ 7。大湾石色彩丰富，以纯正老气的棕黄色为代

图11-34 大湾石

表；石皮均有釉面，似凝脂般润泽，色纹艳丽，对比度强；体量精巧别致，多在几厘米到十几厘米左右。石形千姿百态，如珠、如玉，景观、动物、图案等应有尽有，有极佳的观赏价值。用船将大湾石打捞上岸，经磨拭、打蜡后方出最佳效果（图11-34）。

墨石

墨石产于广西柳州，属碳酸钙沉积岩，摩氏硬度为3～4，色黑似墨，间有白纹，有光泽，外形通透玲珑，有"瘦、透、漏、皱"之自然形态，叩而有声。墨石的石质较脆，原岩系是以石灰岩为主的可溶性碳酸盐岩，具有不显层理的块或厚层状构造。由于亿万年的地壳运动及风吹雨淋和含二氧化碳的地表水、地下水等长期溶蚀，部分墨石石体形成重碳酸钙溶液后随水流失，留下的多呈险怪多姿或玲珑剔透的形态，极似太湖石。墨石以墨黑色为主基调，经清理后深黑油亮，浑厚沉凝，极富稳定感（图11-35）。

图11-35　《天池砚台》（墨石）

淄博文石

　　淄博文石的石质为石灰岩，部分含有白色石英岩，常因含有各种杂质而呈不同的颜色，如含铁者带红色，含有机质者多为灰黑色。淄博文石主要产于山东省淄博市博山、淄川两地，大都深埋于酸性黏土之中，石表纹理变化多端，具有点划交错、延伸、平行或弯曲等变化，具有瘦、漏、透、奇、灵的特点。淄博文石造型奇特，富有神韵，独具特色。淄博文石收藏起源于明末清初，文石大者多做园林庭院饰景，中小者则可雕座嵌之，陈设于几案，以供欣赏（图11-36）。

图11-36 《天柱峰》（淄博文石）

图11-37 《听禅》（栖霞石）

栖霞石

　　栖霞石产于江苏省南京东郊之栖霞山，石质成分为泥质灰岩及白云质灰岩，摩氏硬度为4～5；石色以青灰、褐灰、黑灰为主，红、黄、白、褐次之；形态千奇百怪，大多数为山形石或景观石；石肤纹理错落有致，古朴典雅，浑厚沉稳，极具皱、漏、瘦、透之姿。栖霞石是石玩和制作盆景的上等石材，在元代已供观赏之用。明代著名画家林有麟在《素园石谱》中就有对栖霞石的记载。古人存有咏栖霞石诗云："山人久视，居士长生，俯仰一室，逍遥太清。"栖霞石受到文人雅士的喜爱和推崇。栖霞石有造型石、纹理石、钟乳石、生物化石等10多个品种。栖霞石之造型兼有太湖石、灵璧石、淄博文石之美，因而饮誉赏石界（图11–37）。

雨花石

　　雨花石主要产于南京市六合区及扬州仪征市月塘一带，是南京著名的特产。雨花石形成于距今250万年至150万年之间，是地球岩浆从地壳喷出，四处流淌，凝固后留下孔洞，涓涓细流沿孔洞渗进岩石内部，将其中的二氧化硅慢慢分离出来，逐渐沉积成石英、玉髓、燧石或蛋白石的混合物。雨花石的孕育到形成，经过了原生形成、次生搬运和沉积砾石层这三个复杂而漫长的阶段，可谓是历尽沧桑后方显风流。人们多爱将其置于水盂中，陈设于书斋、案头。雨花石之质、形、纹、色、呈象、意境六美兼备，有"石中皇后"之称。传说在一千四百多年前的梁代，有位云光法师在南京南郊讲经说法，感动了上天，落花如雨，花雨落地为石，故称雨花石。讲经处遂更名为雨花台，成语"天花乱坠"即由此传说而来（图11–38至图11–40）。

图11–38　色彩绚丽的南京雨花石

图11–39　南京雨花石：观赏形极佳的雨花纹理

图11-40 《春夏秋冬》（雨花石）

图11-41 《举头望明月》（金海石）

金海石

　　金海石是产于北京东北部峡谷河底中的卵石，因最早发现于平谷区金海湖而得名。金海石之原岩是元古代震旦纪石英岩，在1.5亿年前受火山岩浆中所含铁和锰矿液浸染、渗透而使高价铁和低价铁间隔分布，后经漫长的风化而碎落江河，又经水冲磨砺形成色彩丰富的景观卵石。金海石的纹理、色泽各具特色，多数金海石在淡黄色的底色上形成浅褐色、黑褐色纹理和斑块，纹理常呈水波、原野、山岭、草木、人物、动物或建筑等图案。金海石是近几年新发现的观赏石品种（图11-41）。

河洛石

　　河洛石，产于河南省洛阳市一带的黄河、洛河、伊河中，属河卵石，摩氏硬度为7～7.5。洛河、伊河中的石头主要来自熊耳山脉，其石质有火成岩、沉积岩、变质岩，其在河床中经过漫长磨砺，经长期水流的搬运、冲刷、打磨、浸染而成。河洛石石质坚硬细腻，古朴典雅，七色皆备，色彩斑斓；图案内容丰富，品种繁多，有牡丹石、灵青石、紫陶石、摞姜石、梅花石、鸡肝石、龟纹石、白玛瑙石、雪花石等品种，尤以日月石数量最大；河洛石色彩反差大，艳而不妖，媚而不俗。河洛石在南宋杜绾的《云林石谱》有记载（图11-42）。

图11-42 《双木成林》（河洛石）

松花石

　　松花石，又名松花玉，产于中国东北长白山区，是海相泥质沉积岩。松花石是数亿年前海相运动过程中海底的淤积细泥经过沉积、覆盖、压制等物理过程而形成的坚硬的沉积型微晶石灰岩，矿藏稀少。松花石的基本矿物质成分是方解石、石英、云母、黏土以及少量的金属矿物质等。松花石色泽丰富，质地细腻，温润含蓄，不燥不涩，平和淡雅，能吸附空气中的水分。松花石色系丰富，色彩众多，主要色系有绿色、青色、黄色、褐色、紫色等。松花石诸多色系中尤以健康向上、具青春朝气的绿色为主，给人以蓬勃的生机（图11-43）。

三江源石

　　三江源石因产于三江源头而得名。三江源石原岩属火山熔岩，它是岩浆冷却而成的结晶体，摩氏硬度为6及以上。三江源石的石种主要有星辰石、乌金石、富

图11-43 《云台山》（松花石）

图11-44 《奔日》(三江源石)　　　　图11-45 《瀑布》(南盘江石)

贵石、河湟石、昆仑石、绿彩石、天波石、丹麻石、磐道石、松多石、康巴石、卡通石、龟纹石、羊脑石等,最具代表性的星辰石、乌金石、富贵石。三江源石以黑色为基调,大多数为造形石,小则几公斤,大则几吨,体量硕大,气势雄浑。观赏三江源石,会叹服大自然神奇造化,崇敬三江源万山之祖、冰川之父的盛名(图11-44)。

南盘江石

南盘江石出自云南、贵州南盘江及其支流河床中。该石是由江水长期浸泡、冲刷、溶蚀、沙石磨砺等作用而形成,石质以石灰岩、沉积岩为主,色泽古朴,体块硕大,肌理丰富,造型奇特,石上有各种凹槽、孔穴、窝凼,多具瘦、皱、漏、透特点(图11-45)。

星辰石

星辰石的成分为火成岩,是地心岩浆冷却结晶体,摩氏硬度为6～7,产于青海。由于河水的冲刷作用,星辰石身上会鼓起一个个灰色或青灰色疙瘩,因此有人称之为"鼓钉石"。星辰石石肤光滑润泽,颜色古朴凝重,除黑色之外,有灰、黄、褐、青、绿、白等色,一石多为两色,一石三色者稀少。石面显现的意境多有如星河、

图11-46　《仕女》（星辰石）

图11-47　《小鸭》（星辰石）

日月、浮云者，星辰石因而得名。图案中有天上银河、彩云追月、日月同辉、三星高照、众星捧月、八大恒星、光辉灿烂，遥相辉映等，图案清晰，色泽好、形态美、意境深邃，深受奇石爱好者喜爱。星辰石是三江源石中最具代表性的石种（图11-46至图11-47）。

桃花石

桃花石是蔷薇辉石质玉石。桃花石主要产于青海省祁连山一带海西和海北的变质岩层中，多呈粉红色、玫瑰红色和桃红色。桃花石主要由颗粒细小的蔷薇辉石组成。极少数桃花石颜色鲜艳、质地细腻，可作玉料；大多数桃花石只能作彩石用。青海桃花石矿丰富，石质微透明，有玻璃光泽。该石质地、硬度极似翡翠，又称粉色的翠（图11-48）。

绿泥石

绿泥石，学名绿帘石，为变质岩，属铝硅酸盐矿物，其主要成分为镁、铁和铝，单斜晶系，因火山低温热液和变质作用形成。其颜色多呈绿色（有深有浅），有光泽，摩氏硬度为2 ～ 2.5。长江绿泥石主要产于重庆附近的长江中上游（泸州、宜宾等地）地段。绿泥石俗称绿豆石、葡萄石，耐磨耐酸碱，质地细腻、表面光滑，石形多呈

图11-48 《桃花坞》（桃花石）

瓜果状，石体上布满了凸起图纹，摩氏硬度为6～6.5。原岩产于长江上游的大山中，是绿色玄武岩形成的卵石，颜色多呈嫩绿色至深绿色，呈粒状、板状、块状。由于岩石包裹发育，绿泥石最易形成各种形态，因色绿、质细、光滑、圆润，给人以素雅的感受，深受各界人士的喜爱（图11-49）。

图11-49 《绿雨》（绿泥石）

贵州青

贵州青为水冲卵石，原岩为石英粉砂岩、浅变质粉砂岩、粉砂质板岩，经漫长的风化碎落江河，又经江水冲刷磨砺，形成天然的奇石。贵州青产于贵州省台江县东段约250公里的峡谷及清水江中。该石质地细腻，石肤润滑，多呈深绿色，颜色古朴，纹理色带清晰，线条简洁，外形变化奇特，有的具陶瓷韵味，适宜作家庭观赏及园林缀石（图11-50）。

图11-50 《三笑》（贵州青）

葡萄玛瑙

葡萄玛瑙于1995年在中蒙边界苏宏图以北20公里处的一座火山口附近被发现，它的成分主要是二氧化硅，摩氏硬度为6.5 ～ 7。葡萄玛瑙是2亿年前海底火山喷发的产物，多蕴存在火山喷发堆积物

图11-51 葡萄玛瑙

中，从滩面上捡到的葡萄玛瑙多珠大色纯，玉透温润；从岩石中采掘的则未经风沙磨砺，石肤多不光滑。葡萄玛瑙多呈浅红至深紫等色，半透明，晶莹剔透，色彩绚丽，造型奇特。石上通体满布色彩斑斓、大小不一、浑然天成的珠状玛瑙小球，互相堆积，犹如串串葡萄，因而得名。葡萄玛瑙与风凌石、沙漠漆一起并称为"大漠三绝"（图11-51）。

铁钉石

铁钉石属沉积岩，是在约400万年前由海底沉积泥经地壳变动挤压而成的变质岩。铁钉石主要成分是泥质叶岩和铁质，内含少量矽质岩。因石内嵌有多个针形条状物如铁钉，故名铁钉石。铁钉石为"土中石"，完整的铁钉石由褐色或土黄色的含铁质外壳、灰白色石胆以及穿插其中的褐色铁钉三部分组成。外壳和铁钉含铁质，硬度略高于石胆部分，石胆摩氏硬度约为3～4。铁钉石发现于1990年春，产自台湾东北部之宜兰县大同乡的南山、胜光一带山区，沿矿脉分布，海拔高度约1330米。因为铁钉不为两种不同石质结合而成，内层的石胆风化较快，多形成靠外壳条状物支撑、衔接于石胆的镂空形态。铁钉石中小于20厘米者，极为难得（图11-52）。

玫瑰石

玫瑰石，主要产于台湾省花莲地区的立雾溪、三栈溪及木瓜溪。三条溪出产的玫瑰石各具特色，前两者以色泽、色感取胜；后者以纹

图11-52　铁钉石

图11-53 《桃花源》(玫瑰石)

路变化和景致宜人见长。玫瑰石表面是褐色或褐黑色，初看不起眼，但经切割、研磨之后会呈现许多不同的色彩及线条。玫瑰石不仅颜色艳丽，更有如画般的意境，每一块都有独特的山水景色，石质好的可制成饰品。玫瑰石代表胜利、希望、友情、亲情、爱情，具有调和亲人关系，增加爱情、友情、姻缘的喻意（图11-53）。

萤石

萤石的学名为氟化钙（CaF_2），又称为氟石，摩氏硬度为4，比重3.18。由于萤石常含铁、镁、铜、锂元素而色彩缤纷，晶体常呈完美的四面体、八面体或菱形十二面体晶形，集合体呈粒状或块状。颜色多呈浅绿、浅紫或无色透明，有时为玫瑰红色或条痕白色，有玻璃光泽，多为透明至不透明状。八面体解理完全。萤石晶体属等轴晶系的卤化物矿物，在紫外线、阴极射线照射下或加热时发出蓝色或紫色萤光，并因此而得名，质地纯优者可制"夜明珠"。我国探明萤石储量居世界第一位，浙江省萤石资源丰富，储量居全国第二，主要分布在武义、永康、义乌等地。萤

图11-54 《绿色裂变》(萤石)

石加工成花瓶、手镯等，抛光后解理明显，似裂非裂。萤石因其晶莹绚丽、玲珑剔透、天然多色等诸多特点，被宝石界誉为"软水晶"（图11-54）。

黄铁矿

黄铁矿是地壳中分布最广的一种硫化矿物，主要成分是二硫化亚铁（FeS_2），纯黄铁矿中含有46.67%的铁和53.33%的硫，工业上称其为硫铁矿。晶体经常呈立方体、五角十二面体等晶形，见于多种成因的矿石和岩石中；煤层中的黄铁矿往往成结核状产出，因浅黄铜具有明亮的金属光泽，常被误认为黄金，故又称为"愚人金"。黄铁矿也能消除人们的焦虑与受挫感，克服惰性与缺憾感。我国黄铁矿的探明储量居世界前列，著名产地有广东英德和云浮、安徽马鞍山、甘肃白银等（图11-55）。

图11-55　黄铁矿

蓝铜矿

蓝铜矿属单斜晶系的碳酸盐矿物。晶体呈柱状或厚板状，通常呈粒状、钟乳状、皮壳状、土状集合体，颜色为深蓝色，有玻璃光泽，土状块体颜色为浅蓝色，光泽暗淡。解理完全或中等，有贝壳状断口，摩氏硬度为3.5～4，比重3.7～3.9。蓝铜矿与孔雀石紧密共生，产于铜矿床氧化带中，是含铜硫化物氧化的次生产物。蓝铜矿易转变成孔雀石，质纯色美者是制作工艺品的材料。蓝铜矿粉末用于制作天然蓝色颜料，也是寻找原生铜矿的标志（图11-56）。

图11-56　蓝铜矿

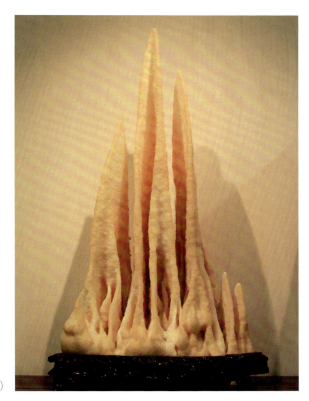

图11-57 《三片峰》（钟乳石）

钟乳石

　　钟乳石出自喀斯特地区的溶洞内，是碳酸盐岩在漫长地质变化和特定地质条件下形成的石钟乳、石笋、石柱等不同形态碳酸钙沉淀物的总称。钟乳石广泛分布于石灰岩地层，发育比较典型的岩溶地貌、溶洞较为常见。我国是钟乳石资源丰富的国家之一，所产的钟乳石呈白、黄、灰等色，光泽剔透，形状奇特，具有很高的欣赏价值（图11-57）。

孔雀石

　　孔雀石为广东省阳春市特产，有两千多年的采冶历史。阳春孔雀石因颜色瑰丽艳绿，花纹酷似绿孔雀的羽毛而得名。孔雀石是原生含铜矿物氧化后形成的次生矿物，属单斜晶系，晶体呈针状、葡萄状、钟乳状、柱状、块状、茸毛状，具玻璃光泽，摩氏硬度为4。阳春石菉铜矿的孔雀石储藏量居中国之首，质量也是中国第一，

图11-58 《探索龟》（孔雀石）
图11-59 《母子情》（孔雀石）

20世纪60年代中期，阳春石菉铜矿开始出产大量孔雀石，它产出于岩溶洼地中。独特的地质条件造就了孔雀石的质佳色艳，光彩夺目，千姿百态，其还能折射出奇妙幻光。孔雀石的颜色有翠绿、草绿、墨绿、粉绿、天蓝、粉白等。孔雀石可用于医药、炼铜、雕制工艺品或制作矿物颜料、矿物标本，更是令人百看不厌的珍贵观赏石。阳春孔雀石讲究形美、色艳、光幽，美轮美奂者能给观赏者美的享受（图11-58至图11-59）。

图11-60 绿松石

绿松石

绿松石是含水的铜、铝磷酸盐矿物，属三斜晶系隐晶质致密块体；质地十分细腻，具有柔和的蜡状光泽，韧性相对较差；摩氏硬度为5～6，无解理，断口平坦；多呈蔚蓝色，色泽纯正。绿松石因形似松球，色近松绿而得名；绿松石一般存于赤铁矿裂隙中，但块度很小，产量也较少；其开采时间早于明代（图11-60至图11-61）。

图11-61 绿松石

12 慧眼淘石

近年来不少收藏爱好者纷纷涉足观赏石收藏，然而由于认识不足或经验不够，所收藏的观赏石往往价值不高，升值潜力不大。收藏观赏石大有讲究，在选择购买时要多比较、多选择，这里谈一些基本观点供石友参考。

一、哪些观赏石值得收藏

哪些观赏石值得收藏？怎样的石头是好的观赏石？一般来说，所收藏的观赏石应考虑以下因素。

1.观赏石质量

了解该观赏石的石种、产地和成因，进一步了解其稀有程度，越稀有的价值越高。块度、硬度、风化、包浆是观赏石的物理、化学特征。块度是将观赏石的长、宽、高相乘，计量单位为cm^3，块度以合适为好；硬度采用摩氏硬度，反映其耐磨的程度，一般以硬度高为好；风化是反映观赏石氧化、剥离的速度，以不易风化能长久保存为好；包浆是自然形成的保护层，能反映观赏石的天然特性，有包浆当然更好（图12-1）。

2.观赏石审美

观赏石一般分图纹石、造型石、化石类和矿物晶体类四大类，对各大类观赏石的审美各有不同。

图纹石要考虑：（1）图纹：图案纹理形象逼真，清晰自然，雅致流畅，独具一格，能表达一定意境；（2）质地：石质坚硬，体块完整，光

图12-1 《一柱万年》（树化玉）

洁细润质感好；（3）色泽：自然柔和，色彩协调，绚丽多彩，对比度强；（4）意韵：观赏石内涵丰富、意境深远、形神兼备、情景交融为好（图12-4）。

造型石要考虑：（1）造型：造型奇特优美，形象逼真完整，品相好；（2）意韵：内涵丰富、意境深远、情景交融，主题突出；（3）质地：石质硬、杂质少、质感好，细腻温润，有光泽；（4）色泽：自然协调，鲜艳夺目，搭配合理者为好（图12-2、图12-5）。

化石类要考虑：（1）形态：真实完整，稀有独特，具有审美欣赏价值；（2）质地：致密坚硬，层次感强，石化程度高，具有科学研究价值的更好（图12-3）。

矿物晶体类要考虑：（1）形态：晶簇奇特、晶形完美，具有审美欣赏价值；（2）色泽：色彩鲜亮，透明度高，晶面光泽；（3）质地：矿物品种珍稀，结构完整，石质硬、杂质少的值得收藏。

3.赏石的文化内涵

一方观赏石能表达诗意，体现画境；有深刻的内涵、深邃的意境；有画龙点睛的题名；可以因石产生联想，托意寄情；可以因石题词歌赋，作书绘画；可以进行石文化深度开发的当然是有内涵的好石头。

4.其他

观赏石有无特殊的历史价值、纪念意义，展现的是石头的历史价值；观赏石可以多角度、多方面欣赏，能体现鉴赏的多样性则更好；该观赏石受到社会广泛认同，"专家叫好、百姓叫座"的当然更好（图12-6至图12-9）。

二、观赏石的收藏原则

自然界里的观赏石千奇百怪，品种数量繁多，赏石文化更是博大精深、叹为观止，因而可以收藏的观赏石很多，收藏者要有所选择。根据多年赏玩观赏石的经验和体会，笔者总结以下收藏原则供作参考。

1. 精品原则

观赏石收藏中，精品石比较具有收藏价值和经济价值。何谓精品？首先，一般力求观赏石形纹质色兼备。有"形"才会有"神"，有"纹"才会出"彩"，石形、石纹各个组成部分比例恰当和谐；关键部位神韵毕现，有画龙点睛的作用，能很好地突出主题，这是形或纹好。其次，石质要好。好的石质一般坚硬、细腻，具有油脂光泽、金刚光泽者为好，玻璃光泽者次之，无光泽者较差，那些质地松软、外表粗糙的石头的收藏价值不高。再次，色泽要好。色本无好坏，观赏石的色以古朴、鲜亮、稀有为好。最后，观赏石能敲击有声，奏出乐音者则更好。另外，观赏石要求"完整"，没有人为破损，应有的不缺，追求完美也是精品石的原则。

图12-2　《红寿桃》

图12-3　《回游》（鱼化石）

图12-4　《快乐小天使》（图纹石）

图12-5 《金毛犬》（沙漠漆）

图12-6 园内景观石

2.个性化原则

观赏石品种数量很多，收藏者要明确自己所要收藏的方向，以此选择主题和石种，力求自己的收藏有独特的风格，在数量、品位上力争在某个品类、某个主题或某地区内有一定的影响力。

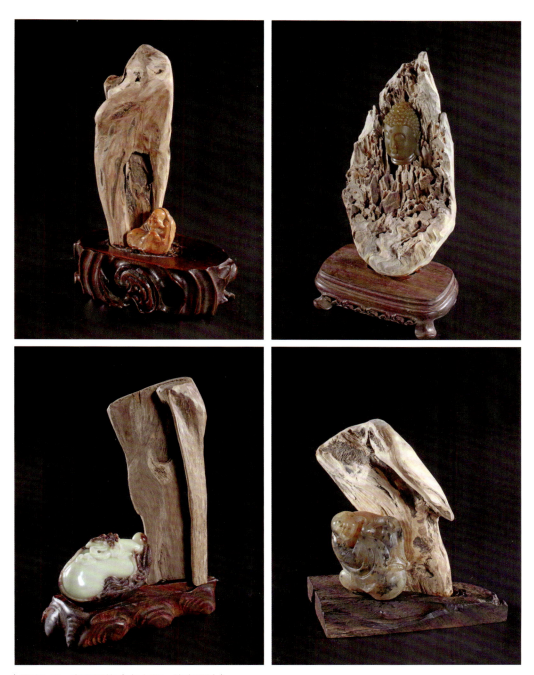

图12-7　木石同体（卢小雁、林庆设计）

左上：木石同体（沉香木和昌化田黄石雕件的组合，王如伟先生收藏）

右上：木石同体（沉香木和南红俏色玛瑙精雕佛像的组合，王如伟先生收藏）

左下：木石同体（沉香木和青田龙蛋石雕的组合，王如伟先生收藏）

右下：木石同体（沉香木和水草冻石巧雕罗汉的组合，王如伟先生收藏）

图12-8　印章（骆燮洪藏）　　　　　　图12-9　奇石长寿宴局部

3.与时俱进原则

　　赏玩观赏石源于中国，传统的中国赏石有典型的中国文人借物抒情、托物言意的特点。由于历史年代、科技水平的局限，古人缺少对观赏石本质的成因机理科学内涵等的探究，而现代人赏玩观赏石就应在继承传统赏石的基础上有所发展，如大理石切片及加工成的花瓶也可以成为赏玩对象，化石、矿物晶体也应该是观赏石的品种之一。

4.展示交流原则

　　赏玩观赏石不是简单的个人行为，而是个人融入社会的渠道之一，所谓"与石为友，以石会友"。采、观、品、藏是赏玩的一个过程，这个过程需要题名配座、参展鉴评、出版宣传等；与资深收藏家交流，与地质专家交流，与文人艺术家交流，这样才能提高审美情趣，才有乐趣。同时，这个过程也是观赏石文化认知提升和观赏石价值提高的过程（图12-10至图12-14）。

图12-10　楼小东会长题词"以石会友"　　图12-11　品茶论石：观赏石品鉴会石友交流

图12-12　品鉴会展厅

图12-13　观赏石展厅

图12-14　归藏阁展厅

三、观赏石养护的经验和方法

当人们从野外把石头拣回来清洗处理后，就应该考虑它的保管和养护问题。野外刚拿来的石头总给人一种枯燥、干涸的感觉，缺乏人手把玩的过程，玩家们习惯称此类石头为"生石"。经过适当养护后此类石头会给人焕然一新的感觉，大家习惯称其为"熟石"。过去曾有人用清漆喷刷，食用油涂抹，汽车蜡擦抹，鸡蛋清涂抹，等等，养护的方法可谓五花八门。观赏石的养护很有讲究，有的容易尘污，有的容易风化，要注意妥善收藏（图12-15）。

不同的观赏石因其质地、色泽等不同而有不同养护方法。有的可在观赏石表面涂上石蜡，有的涂以硅油，显其色泽，增其美感。也有人主张观赏石最好不要涂上油蜡之类的东西，那样反而掩盖了观赏石的本色。除油养、蜡养外，有些奇石可用水养，如雨花石、蛋白石、桃源石和某些钟乳石（图12-16至图12-18）。

有的观赏石还要注意风化，尤其不能让其长期日晒雨淋，如某些矿物晶体类、化石类观赏石，曝晒和风雨会令其出现严重风化现象，损害其石质、光泽和色彩。

图12-15 观赏石的收藏展示：归藏阁展厅

图12-16 养包浆后之灵璧石（杨广发先生收藏）

图12-17 养包浆前之灵璧石《飞禽》
（杨广发收藏）

图12-18 养包浆后之灵璧石（杨广发先生收藏）

有的观赏石要放于玻璃罩或收藏盒内加以保护，如珍贵的鸡血石，珍贵而容易损坏的矿物晶体、化石等，赏玩时才将其取出。

一般情况下，观赏石可收藏于橱柜内或博古架上，观赏石本身就是用来收藏陈列的，橱架收藏观赏较为方便，橱架也是布置居室环境、烘托高雅气氛、展示收藏品位的最佳载体。中式的居室中特别讲究木料和石头的搭配，所谓木石同体，互为映衬，彰显雅居文气（图12-19至图12-36）。

四、观赏石的价值构成

观赏石是指天然形成能承载审美文化活动的石体，其有广义和狭义之分。广义观赏石是指从宏观地质结构到显微镜下的微观世界，不受大小、存在形式、地理位置限制的石体；狭义观赏石是指纯天然、可移动，能够进行观赏、玩味、陈列及收藏的石头。

图12-19 《木石同盟》（圈椅之中摆放观赏石）　　图12-20 《卡通熊》（戈壁玛瑙）

图12-21　《木石同盟》（博古架上摆放观赏石）

图12-22　《比基尼》（云锦石）

图12-23　水冲木化石

图12-24 《金菊花》(矿物晶体)

图12-25 玛瑙瓶

图12-26 矿物晶体

图12-27　陨石球

图12-28　层积石

图12-29　贵州龙（化石）

图12-30　《金昌鱼》（造型石）

图12-31 《东坡肉》（戈壁玛瑙）

图12-32 《云起峰》（室内案台摆设观赏石）　　图12-33 《乾坤袋》（化石）

图12-34　著名书法篆刻家刘江题"石全石美"

图12-35　《荔枝》(空心玛瑙)

图12-36　观赏石的展藏胜地：中华石景园

综合经济学的价值理论和观赏石的文化特性，观赏石的价值构成有以下几点：

1. 观赏石本身是稀缺资源，具有不可再生性。因此，观赏石有自然价值、稀缺价值、垄断价值。

2. 观赏石具有经济属性，更具有文化属性；有经济价值，更有文化价值。

3. 作为商品的观赏石是混合商品，具有私有财和公共财的特性。

4. 观赏石的找寻开采、配座包装，有劳动价值。

5. 观赏石需要发现，重在审美，个人主观审美不可避免，"愿付价格""边际效用"因人而异，大不相同。

6. 观赏石的文化认知有一个提升过程，文化价值随之不断提高。

7. 观赏石宣传、参展，提升知名度、美誉度，是收藏者的投资行为，具有经济上的回报。

8. 观赏石的经营流转，石商有利润期待。

因此，我们将观赏石的形成、采集、配装、认知等全过程进行价值分析，得出观赏石的价值构成如下：

观赏石价值=资源成本+找寻或开采成本+审美发现费用+配座包装成本+文化认知费用（题名赋诗等）+知名度提升费用（宣传、参展、鉴评等）+经营商利润

观赏石的价值表现是一个费用投入、认知提升、价值提高的过程。

观赏石的形成、采集、配装、认知等全过程构成观赏石价值链。不同的观赏石在市场上表现为不同的价格。

五、观赏石鉴评办法

观赏石具有不可比拟性，但同属一个收藏门类或行业，对不同的观赏石也不宜分类制定标准。人们在观念上应突破"评比"的概念，对观赏石进行"鉴评"，鉴定其石体质量、天然属性，评价其文化内涵、审美特征。鉴评的目的是为了人们共同的认知和价值尺度。鉴评标准应体现多方面专家及社会、市场普遍认同的理念：有专家意见，也有百姓参与。鉴评可从观赏石质量、审美、文化、配座包装、知名度等多个方面去衡量（当然观赏石石种不同、欣赏角度不同，不同的石种还是要有不同的鉴评依据的），最后将各方面因素综合加权可得出鉴评结果。总之，石界的认可、市场的认可、社会的认可才是真正的认可。

多因素加权综合鉴评法的优点：

1. 观赏石的鉴评全面、简便，可操作性强。

2. 鉴评师个人偏好对鉴评结果的影响较小。

3. 不同时间、地点所产生的不同的鉴评结果将有不同的科学解释。

4. 体现多方面专家及社会、市场普遍认同的理念，有专家意见，也有百姓参与，理论与实际结合较好。

5. 鉴评过程有依据、有说法，"公开、公正、公平"原则得以体现。

6. 分值大小暗藏价值尺度，结合市场系数即为市场价格。

观赏石鉴评：

1. 依据价值理论、价值链理论，将观赏石按经济价值、文化价值以及观赏石形成、开采、配装、认知的价值链进行价构分解，从而将模糊的观赏石鉴评过程用质地、审美、文化、配装及其他、知名度五个指标进行鉴评，形成相对清晰的观赏石鉴评指标体系。

2. 每个指标的模糊概念再进行量化，按习惯的百分制对观赏石各个指标评分，以鉴评标准作为评分原则，特别注意"贴近度"。

3. 每个指标根据观赏石内在质量、文化内涵等的重要程度不同，确定权重，赋予权数，总权数100。

4. 五个指标是从五个不同的方面分别对观赏石进行鉴定评价，然后运用数学加权平均法，汇总计分。

5. 分值大小即能反映人们对观赏石共同的认知和价值尺度，以此区分观赏石的等级类别，达到观赏石鉴评目的。

观赏石鉴评办法：

将观赏石用五个指标来综合鉴评，每个指标以百分制来评分，通过七名以上的专家鉴评后，加权平均，分值为评价观赏石等级类别的依据，各指标、权重、内容如下：

1. 质量（权重35）：鉴定其物理、化学特性、稀有性、科学内涵等。

2. 审美（权重25）：对观赏石形、质、色、纹、美感、神韵等的审美。

3. 文化（权重25）：文化内涵认知的深度、广度，命题的确切性，语言的感染力等。

4. 配装及其他（权重8）：基座构思的创造性、协调性，配座及包装的材质、工艺等，以及观赏石的历史价值、纪念意义，体现欣赏的多面性。

5. 知名度（权重7）：在宣传、参展等方面的投入，形成的知名度、美誉度。

鉴评结果分3档9级，50分以上为佳品，66分以上为珍品，83分以上为绝品（图12-37）。

观赏石鉴评证书：身披百衲衣

观赏石鉴评证书：石榴

观赏石鉴评证书《松鼠》

观赏石鉴评证书《水晶鞋》

图12-37　观赏石鉴评证书

参考文献

白峰.玉器概论.北京：地质出版社，2000.

草千里.中国翡翠珍品鉴定.杭州：浙江大学出版社，2004.

陈洲其，孙凤民.中国国石图集.北京：地质出版社，2003.

丁安徽，杨立信.玉石名品鉴赏与投资.北京：印刷工业出版社，2013.

董秉弟.青田石雕瑰宝.上海：上海科学文献技术出版社，1995.

方红星，朱晓东.国石印像——二十国集团领导人杭州峰会各国政要肖像印
　　章.香港：中国文化艺术出版社，2019.

方宗珪.寿山石品鉴与收藏.香港：商务印书馆，2008.

高大伦.玉器鉴赏.桂林：漓江出版社，1993.

黄宝庆，林国清.中国印四大名石:寿山石.福州：福建美术出版社，2005.

姜四海.印石皇后昌化鸡血石.杭州：西泠印社出版社，2012.

李建丽，陈丽凤，李秀珍，徐志芬.实用文物收藏指南.北京：地质出版社，
　　1993.

李明.中国新疆和田玉投资收藏鉴赏.乌鲁木齐：新疆人民出版社，2006.

李娅莉，薛秦芳.宝石学基础教程.北京：地质出版社，2002.

梁白泉.国宝大观.上海：上海文化出版社，1993.

刘水.观赏石概论：赏石·文化·审美·艺术·科学.北京：中国大地出版
　　社，2008.

刘志华.观赏石基础.上海：上海科学技术出版社，2003.

卢保奇.观赏石基础.上海：上海大学出版社，2011.

孟祥振，赵梅芳.观赏石鉴赏与文化.上海：上海大学出版社，2006.

倪集众，安红.观赏石入门.北京：地质出版社，2007.

潘承文，姚宾谟.中国四大印石图典:昌化石.杭州：西泠印社出版社，2008.

钱高潮.中国印四大名石:昌化鸡血石.福州：福建美术出版社，2004.

沈泓.砚石鉴赏与收藏.合肥：安徽科学技术出版社，2012.

沈丽雅，夏肇明.发现的艺术：中国观赏石品鉴与收藏.上海：上海锦绣文章出版社，2010.

沈乙夫.中国四大印石图典:寿山石.杭州：西泠印社出版社，2012.

石仆.寿山石精品赏析.福州：海潮摄影艺术出版社，2006.

石业迎，韩代成，潘全波.天然奇石观赏石.济南：山东科学技术出版社，2016.

石业迎，王秀凤，张震.国粹之石：玉石.济南：山东科学技术出版社，2016.

宋晓媚，张震.文房之宝——砚.济南：山东科学技术出版社，2016.

王璧.文物的辨伪与收藏.北京：地质出版社，1995.

王嘉明.观赏石的采集收藏与养护.北京：地质出版社，2007.

夏法起.中国印四大名石:青田石.福州：福建美术出版社，2004.

新疆维吾尔自治区宝玉石协会.中华瑰宝和田玉文集.乌鲁木齐：新疆电子出版社，2004.

杨毅臣.中国四大印石图典:巴林石.杭州：西泠印社出版社，2018.

叶林孟.中国四大印石图典:青田石.杭州：西泠印社出版社，2007.

张兰香，钱振峰.古今说玉.上海：上海文化出版社，1997.

中国宝玉石协会.中国国石候选石精品图集.北京：地质出版社，2001.

朱景田，杨春广，曲万军.中国印四大名石:巴林石.福州：福建美术出版社，2005.

浙江自古就是文化之邦，人杰地灵，也是赏石文化的蕴育发展之地。许多著名的观赏石产于浙江，如最具中国文化特色的印石四大国石中，浙江就独占两席：昌化石和青田石。随着浙江经济的快速发展，有着深厚人文底蕴和广泛群众基础的赏石、藏石在浙江大地再度蓬勃兴起。如今，浙江石友，既继承传统，又融合时尚，与时俱进，博采众长；浙江人赏石，文化先行、砥砺创新，注重环境氛围，讲究文化品位。笔者自2010年起在浙江大学首开"国石鉴赏与文化传播"硕博通选课程，使青年学子在各自专业学习之余，增进他们对于中国传统国石文化的理解。课程教学也秉承"过程赏石、文化赏石、快乐赏石"的理念，教学形式力求多样化，包括多媒体课件讲授、网络教学和实践观摩、实践操作等。国石鉴赏和文化传播是不断发展的，本身就需要正确认识传统与现代的关系，古为今用，发展创新。所以，教学内容也每年进行更新，每个学年根据当年的国石鉴赏热点、会展情况、流行趋势、喜好变化等适时地更新和补充

课程教学内容。杭州的西泠印社便是课程教学中带领学生常去的实践场所之一，特别是西子湖畔孤山脚下的中国印学博物馆，其中珍藏有吴昌硕先生的十多枚田黄石印章，亦是每期课程实践的必赏之品。

开课初期，我的好友——杭州国石收藏家傅小龙先生和青田石收藏家朱正然先生都给予了极大的支持。除了慷慨捐赠与惠让了一批石料外，他们还亲临教学现场予以指导：从对一块石料的相石、分析，到切割，到粗磨、细磨至抛光成一枚精致的印章，傅小龙老师细致认真的态度极大地感染了浙大的莘莘学子，同学们的兴致一下子被调动起来。

2013年前后，笔者初识浙江省国石文化保护研究会执行副秘书长孙彦鸿老师，两人一见如故，并在其推荐下笔者有幸加入研究会成为会员。其时至今，孙彦鸿老师多次带领学生到西溪湿地的国石馆开展相关教学实践活动，极大地提升了浙大学子们对中华传统文化的兴趣。2016年，在孙彦鸿老师的鼎力支持和课程教学团队的积极推动下，浙江大

吴昌硕刻于石壁之《送子观音图》（左）、吴昌硕先生铜像（中）、西泠印社之孤山古塔（右）

带领同学们参观位于杭州孤山的西泠印社

傅小龙先生莅临浙
江大学紫金港校区
教学现场演示相石、
切石、磨石过程

带领同学们参观位于孤山脚下的中国印学博
物馆并作现场讲解

学传媒与国际文化学院与浙江省国石文化
保护研究会合作成立了"国石鉴赏与文化
传播"课程实践基地，并正式签署了合作
协议，学院韦路院长亲自为基地授牌，此
后每年都在此地开展课程实践活动。

2017年深秋，我们与杭州品鉴文化
创意有限公司（中华石景园）合作成立了
"国石鉴赏与文化传播"课程实践基地，
聘请了浙江省观赏石协会副会长兼秘书长
王嘉明先生为客座教授，其带领学生实地
参观了位于桐庐的石景园区和园内的各类

浙江大学传媒与国际文化学院韦路院长亲自为
西溪湿地国石馆的课程实践基地授牌

2017年秋学院在西溪湿地国石馆开展课程实践
活动

浙江大学师生在国石馆参观
《新中国从这里走来》肖像印特展

浙江大学师生们在国石馆参观《中国红
——昌化石专题展》

同学们在国石馆聚精会神地听讲座

2017年深秋王嘉明先生带领同学们参观位于桐庐的石景园并成立实践教学基地

精彩纷呈的观赏石，其间王嘉明先生为学生们仔细讲解了各类观赏石的特点与鉴赏知识；学生们兴致浓厚，流连忘返。

　　2018年金秋，笔者带领浙江大学选修"国石鉴赏与文化传播"的60名硕博研究生至课程实践基地西溪湿地的国石馆，开展教学实践活动。浙江省国石文化保护研究会秘书长徐伟民、副秘书长杨广发热情地接待了大家，并带领同学们参观了昌化石珍品，简单概述了昌化石形成的条件。知名收藏家姜四海先生给大家作了关于昌化鸡血石的专题讲座，课程客座教授杨广发老师作国石鉴赏专题讲座。姜四海先生在课堂上与同学们分享了从事鸡血石行业近三十载风雨历程，并讲述了他对昌化石的理解。他认为，昌化石分五大类：昌化田黄鸡血石、昌化鸡血石、昌化田黄石、

浙江观赏石协会副会长王嘉明先生饶有兴致地给浙江大学师生们现场讲解观赏石知识和故事

姜四海先生作昌化石专题精彩讲座

昌化冻石、昌化彩石/奇石，其质地分冻、软、刚、硬。经过亿万年的沉淀，昌化石将世上最艳、最正的颜色展现于世人面前，于是人们赋予了它中华五千年的文化精髓——诚信文化。石中之精华方可制印，取精去糟，用最好的艺术在最好的载体上充分展现，方寸之间，将全部艺术精华凝结一处，散发出无限的魅力。持印章为信物，轻轻一盖虽天地不可夺其信。我们每个人都应该受到诚信的约束，"每人一印最中国"。课间互动提问环节，姜四海老师还给答题正确的学生赠送了精致的国石礼品。

杨广发教授在课堂上为同学们讲述了国石的鉴赏与文化传播，从四大国石、观赏石各个层面，全方位地讲解了国石的种类、产地和赏玩文化的韵味、历史、发展等，为同学们拓展了眼界，增长了见识。此次硕博研究生通选课程的校外实践，同学们受益

杨广发老师作国石文化专题讲座

陈宝福老师作篆刻讲座并现场示范教学

匪浅，近距离地接触了昌化石，并更深层次地了解了昌化石的特性以及国石文化。

2019年秋，陈宝福老师受邀走进浙大为学子们作有关印石与篆刻知识的精彩讲座。课程组还专门制作了欢迎海报，同学们从各个校区纷沓而至；位于紫金港校区东区的研究生专用教室济济一堂，大家兴致浓厚，学习中华传统文化的热情高涨。

不知不觉，课程已开设了十个年头，也深受大学生们的欢迎。期间每年秋学期，来自各个不同专业的博士生、硕士生们都踊跃选课。正所谓十年树木，百年树人，在国石鉴赏界朋友的支持下，2019年我终于沉下心来决定编写一部教材，于是从课件资料开始着手整理。先是整理自己多年所藏，在研究生王贞利的帮助下，我们花了大量时间加以整理并拍摄，此后又在沈斌老师的帮助下四处走访国石藏家，拍摄第一手的图片资料，其间拍摄了数千张高精度数码照片。本书编委之一、定居杭城的福建石雕大师林庆开的名石馆刚好位于浙江大学西溪校区和紫金港校区之间的文二西路竞舟路口，名石馆就成为编委们研讨书稿和拍摄国石样品的方便之地，闲暇之余又是品茶论道、赏石聊天的好去处，成为本书的创作基地之一。

2020年下半年，全国范围内新冠疫情终得基本控制，学校也于秋学期正式开学复课，学生们得以返校上课，国石鉴赏与文化传播课程亦照旧进行，同学们热情依

本书的主要编委齐聚国石馆（左起：沈斌、陈永华、卢小雁、孙彦鸿、林庆、陈宝福）

旧。2020年国庆假期，恰逢"金秋十月迎国庆"——杭州西溪湿地裘良军大师石雕精品展隆重开幕，浙江大学传媒实验教学中心有幸作为协办单位，我亦带领"国石鉴赏与文化传播"课程本期全体师生齐聚西溪湿地国石馆，饶有兴致地参观了中国玉石雕刻大师裘良军青田石雕精品力作100余件，涵括花卉、山水、动物等多种题材。裘良军大师的创作"外师造化，中得心源"，把自然的生趣、情趣、意趣融冶于心而发之于石，以艺载道，于无声处展现人生的和谐、温暖与美好。通过此次参观学习，师生们切实领略了驰名中外的青田石雕镂空雕技艺的历史传承之久、技艺之深。参观展览后，师生又一次聆听了姜四海老师关于国石鉴赏的精彩讲座。

又到了深秋季节，秋高气爽，秋意正浓。2020年10月21日，"国石鉴赏与文化传播"课程全体师生一行50余人，驱车前往位于杭州市临安区的昌化鸡血石博物馆进行课程校外实践活动。在参观学习的过程中，馆长钱高潮就鸡血石的历史与价值、鸡血石雕刻工艺等内容进行了精彩讲解，并与大家亲切

2020年同学们参观裘良军大师石雕精品展时，卢小雁老师给大家讲解青田石雕镂空雕技艺

交流。随后，在青年石雕艺术家钱友杰的带领下，同学们在博物馆中欣赏了工艺美术大师及其团队们创作的一系列精美石雕作品，并进入雕刻室近距离观察和学习石雕工艺技术。本次课程校外实践活动加深了同学们对于国石文化和传承的认知和体会，学生们学习兴趣浓厚，收获颇丰。

2020年虽逢疫情，但不影响大家编书之热情，终于赶在年末完成所有文字撰写和图片编辑，本书也是全体编委们的辛苦合力之作。卢小雁老师主要撰写本书第一篇和第二篇大部分内容；许今茜老师撰写第三篇；王嘉明老师撰写本书第四篇；陈宝福老师撰写本书第二篇第五部分；沈斌老师

2020年参观裘良军大师石雕精品展全体师生

在临安昌化鸡血石博物馆，钱高潮馆长给前来参观的师生们作精彩讲解

课程主讲教授卢小雁和客座教授陈宝福与手持镇馆之宝——鸡血石王大方章的钱高潮馆长

青年石雕艺术家钱友杰给同学们介绍鸡血石的历史与价值以及雕刻工艺等

2020年参观临安昌化鸡血石博物馆全体师生

负责书中大部分图片的摄影，硕士研究生王贞利参与了书中部分图片的拍摄工作。我的好友艺集网创始人泮星先生支持本书的网络传播推广，硕士研究生李会义全程参与本书策划推广工作。除了本书各位编委提供的大量国石藏品、实物资料以外，我的好友郭汉华、冯艳夫妇，韩辉先生，孙银泽先生也提供了部分国石样品资料，在此一并致谢！也愿此书的出版能填补国石鉴赏教学领域的空白，抛砖引玉，希同道指正。

2020年秋卢小雁于杭州